基于数据驱动方法的水库调度应用

张靖文　王浩　刘攀　李泽君　著

中国水利水电出版社
www.waterpub.com.cn
·北京·

内 容 提 要

水库调度是水资源规划与管理领域的热点和前沿问题。随着监测系统的普及和水文水资源理论方法的高速发展，可获得大量水文监测数据和模型模拟数据，本书从数据驱动角度研究水库调度中五大问题：水库实时调度开环控制系统的单向无反馈性、水库调度规则形式的不确定性、流域洪水空间分布不确定性对水库群调度规则的影响、大系统水库群中长期联合调度的多维多目标耗时特性和多变量洪水非一致性对水库适应性设计的影响。

本书适合水库调度领域的科研工作者、工程技术人员以及在校研究生阅读。

图书在版编目（CIP）数据

基于数据驱动方法的水库调度应用 / 张靖文等著. -- 北京 : 中国水利水电出版社, 2023.9
ISBN 978-7-5226-1801-2

Ⅰ. ①基… Ⅱ. ①张… Ⅲ. ①数据处理－应用－水库调度－研究 Ⅳ. ①TV697.1-39

中国国家版本馆CIP数据核字(2023)第176933号

书　　名	**基于数据驱动方法的水库调度应用** JIYU SHUJU QUDONG FANGFA DE SHUIKU DIAODU YINGYONG
作　　者	张靖文　王　浩　刘　攀　李泽君　著
出版发行	中国水利水电出版社 （北京市海淀区玉渊潭南路1号D座　100038） 网址：www.waterpub.com.cn E-mail：sales@mwr.gov.cn 电话：(010) 68545888（营销中心）
经　　售	北京科水图书销售有限公司 电话：(010) 68545874、63202643 全国各地新华书店和相关出版物销售网点
排　　版	中国水利水电出版社微机排版中心
印　　刷	北京中献拓方科技发展有限公司
规　　格	170mm×230mm　16开本　10.25印张　173千字
版　　次	2023年9月第1版　2023年9月第1次印刷
印　　数	001—200册
定　　价	**60.00**元

前言

水库是人类用来拦洪蓄水和调节径流的水利工程，不仅能降低洪灾损失，还能提供巨大的兴利效益。随着监测系统的普及和水文水资源理论方法的高速发展，可获得大量水文监测数据和模型模拟数据，本书从数据驱动角度研究水库调度中5大问题：水库实时调度开环控制系统的单向无反馈性、水库调度规则形式的不确定性、流域洪水空间分布不确定性对水库群调度规则的影响、大系统水库群中长期联合调度的多维多目标耗时特性和多变量洪水非一致性对水库适应性设计的影响。

本书的主要内容如下：

第1章介绍本书的研究背景与意义，对水库调度领域的数据及数据驱动方法进行了归纳总结，并概括了水库实时优化调度、水库优化调度规则、水库优化调度方法和水文非一致性条件下水库适应性设计的研究进展，同时指出了相关研究的局限性和改进方向。

第2章介绍水库实时优化调度闭环控制系统，主要是对比介绍了水库实时优化调度的开环控制系统与闭环控制系统。通过约束集合卡尔曼滤波方法耦合实时水库水位观测数据，实时校正水库库容和水位，将水库实时调度由开环控制系统发展为闭环控制系统，并针对三峡水库实时防洪调度做了系统的应用研究。

第3章介绍水库短期集合优化调度规则。基于水库短期确定性优化调度最优轨迹，采用隐随机优化方法提取3种单一水库短期优化调度规则（分段线性、曲面拟合和最小二乘支持向量机）。通过贝叶斯模型平均方法提取稳健的水库短期集合优化调度规则和调度区间。

第4章介绍基于洪水空间分布不确定性的水库群优化调度规则。针对流域洪水多变特性，通过投影寻踪法对多场历史洪水进行洪水分类，分析洪水空间分布的不确定性。基于不同洪水类别，提取考虑流域干流和支流防洪效益权衡的水库群聚合-分解调度规则。

第5章介绍水库群中长期多目标联合优化调度高效求解技术。针对大系统水库群中长期多目标联合优化调度，采用参数综合降维技术对其进行降维，包括大系统聚合-分解和敏感性分析。采用定向多目标快速非支配排序遗传算法提高多目标Pareto前沿搜索效率，耦合自适应替代模型形成多目标自适应替代模型优化算法。从“变量-目标-模型”3个层面实现大系统水库群中长期多目标联合优化调度的高效求解。

第6章介绍水文非一致性下水库及下游防洪风险计算。分析洪峰、洪量和洪水历时三变量的非一致性。结合C-vine Copula-Monte Carlo法和风险函数分析法计算多变量洪水非一致性下水库防洪风险和可靠性。分析水库适应性设计策略对水库洪灾损失和兴利效益的影响以及水文非一致性条件下水库库容再分配对水库洪灾损失和兴利效益的影响。

第7章对全书的主要研究内容和成果进行总结，以及指出研究中存在的不足之处，并给出可继续完善的思路。

由于作者水平有限、时间仓促，书中难免存在疏漏之处，欢迎读者和有关专家对书中存在的不足进行批评指正。

作者

2023年5月

目录

第1章

绪　论

1.1　研究背景与意义

水作为最基本的自然资源，不仅能满足人类生存需求，还有益于社会生态环境建设。但随着全球人口剧增和经济社会迅速发展，水资源匮乏现象越来越严重，水资源问题逐渐成为全球人权问题中一个至关重要的问题。据不完全统计，全球有近一半以上的国家在旱季面临水资源短缺，遭受水荒，在汛期遭受洪涝灾害。旱涝灾害对人类财产破坏严重，其背后蕴含的水资源时空分布不均问题成为全球人类面临的难题。

中国多年平均水资源总量高达28000亿m^3，位居全球第6位，其中地表水资源量为27300亿m^3，地下水资源量为8226亿m^3，地表水和地下水重复量为7526亿m^3。但人均水资源量仅有2100m^3，不足全球人均水资源量的1/3，表明中国水资源具有总量大但人均少的特点，是一个水资源匮乏的国家（王浩，2010）。我国受地理位置和地形气候的影响，水资源时间分布表现为年内60％～80％的水资源分布在汛期，易诱发洪涝灾害。水资源空间分布表现为我国南北方水资源量相差悬殊，南方水多土地少，而北方水少土地多。耕地水资源过量易引发农田涝灾，水资源不足则易引发农田旱灾，均会造成严重的农业损失。因此，科学家采用了一系列工程措施来解决水资源时空分布不均问题，其中水库是最重要且应用最广泛的蓄洪补枯工程。中华人民共和国成立前，我国水库总数为1200多座，至今已增加到98000多座，修建大量水库旨在拦蓄洪水、调节水流，通过水库调度缓解水资源短缺问题和水资源供需矛盾，从而降低洪涝灾害损失。因此，水库调度成为水资源管理研究中最重要的一部分。

20世纪40年代，Massé 和 Boutteville（1946）最早提出水库优化调度管理概念，水库优化调度成为水资源管理者的研究热点。水库优化调度水平也随着计算机和智能优化求解技术的发展而不断提高，由早期伴随诸多假定的简易调度模型发展为符合实际的复杂调度模型。水库调度可根据模型求解步长分为水库短期调度、中长期调度；根据预报信息不确定性分为确定性优化调度和随机优化调度；根据调度目标分为防洪调度、发电调度、航运调度和综合调度等。

随着我国经济社会不断发展，城镇化和工业化进程加快，各类用水户剧增，人类活动导致下垫面发生改变，自然水循环转变为“自然—社会”二元水循环（王浩等，2011；王浩等，2006）。水资源管理形势越来越复杂，水资源合理调配越来越困难（王浩等，2004；王浩和游进军，2016），水库调度需要根据自然和社会形势进行相应改善提升。我国于2012年9月正式启动国家水资源监控能力建设项目，旨在初步建立一套“空—天—地”水文气象和地表-地下水观测网络，实现水资源总量和水质信息汇聚。随着科学技术的发展，无人机、卫星、雷达、无线传感器、手机等水利监测信息系统能够记载大量水文数据。水文学和水资源理论的发展过程中形成了一系列水文水资源模型，也可提供大量有价值的模型模拟数据。随着数据规模增大，数据处理难度逐步增加，数据挖掘（Data Mining）、人工智能（Artificial Intelligence）和数据同化（Data Assimilation）等数据驱动技术应运而生。这些新兴技术的发展为大量数据的分析应用提供了技术支撑，通过数据驱动方法和重要水文水资源数据可指导水库调度决策者进行水库调度，能有效提高水库运行效益。

因此，在信息高速发展的时代背景下，开展数据驱动的水库调度方法研究对水资源管理领域是一个非常有意义的探索。对水利监测数据和水文水资源模型模拟数据进行整合分析，通过数据驱动方法将有价值的数据信息更好地应用到水库调度，以提高水资源综合效益，具有重大的科学意义。

1.2 国内外相关研究进展

本书主要研究如何通过数据驱动方法分析大量水利监测数据和水文水

资源模型模拟数据，并将其应用到水库调度领域。针对本书研究内容，主要从数据及数据驱动方法、水库实时优化调度、水库中长期优化调度规则、水库优化调度方法和水文非一致性下水库适应性设计5个方面论述国内外研究进展。

1.2.1 数据及数据驱动方法

水利基础数据主要由各种水利基础观测站测得，包括水位站、流量站、泥沙站、雨量站、水质站等。流域内一定数量的水文测站可构成水文站网（于洋，2012）。随着计算机和互联网技术的发展，获得水利基础数据更加便捷，数据形式更加多元化。面对爆炸式增长的数据，数据驱动领域发展迅速，涌现了大批数据驱动分析方法。新兴数据驱动分析方法可处理大容量水利数据，提炼出对水库调度的有利信息，从而提高水库效益。接下来将从数据以及数据驱动方法两个方面来分析其在水库调度领域的研究进展。

1.2.1.1 数据

水库调度的水利数据主要包括3个方面：水文水资源监测数据、水文水资源模型模拟数据、政府部门统计数据。

1. 水文水资源监测数据

水文监测数据最早通过人工采样或人工量测获得，属于比较原始的工作方式。通过便携式量测仪器或监测仪（如测深仪、测速仪、测沙仪、水位监测仪、水位计、便携式水质监测仪等）在室外或实验室进行量测记录。但人工量测方式采样频率低，难以实时监测，无法连续显示观测物理变量的动态变化过程。我国第一套自报式水文自动测报系统于1986年在陆水流域安装，首次实现测站自动记录、存储、传播、增编等功能（黄伟纶，1986）。随着通信技术和互联网技术高速发展，水文水资源数据的获取更便捷。各流域、各省份、各地区的水文水资源监测系统逐步建立，如防汛信息系统（王井泉，1996；辛立勤，1998）、水文信息采集系统（杨向辉和张学成，1999）、水资源信息管理平台（张党立等，2005）、水质监测系统（赵静等，2008）、中小河流水文监测系统（原喜琴，2012）等。但某些地区由于资金缺乏，仍没有建立水文水资源监测系统，并且已有的水文监测系统间相互独立，缺乏信息共享机制，水库调度决策者无法直接进行分析使用（刘予伟等，2015）。为了实行最严格水资源管理制度和落实“三条红线”，水利部启动国家水资源监控能力建设项目（国家水资源监控能力建设项目办公室，2012)，同时，该项目也是解决部分地区水文水资源数据缺失和实现信息共享机制的探索（蔡阳，2013；胡四一，2012；金喜来等，2015)。

国家水资源监控能力建设项目监测体系建设主要包括3个方面：取用水户国控监测体系、重要江河湖泊水功能区监控体系和重要江河省界断面监控体系建设（蔡阳，2013)。取用水户国控监测体系是对地表水和地下水取用水户的取用水信息进行在线监测。重要江河湖泊水功能区监控体系是对重要江河湖泊和饮用水源区水质进行在线监测。重要江河省界断面监控体系是对重要江河省界断面水量和水质进行在线监测。国家水资源监控能力建设项目可提供各流域各地区水文水资源监测数据，如河流断面流量、水位，水库取用水信息、实时沿程监测水位、河道干流和支流流量等。

2. 水文水资源模型模拟数据

水文水资源模型通常是对水文学或水资源特定物理过程的描述，基于一定的前提和假设条件，存在一定的局限性，但经过模型训练依然可较大程度上反映特定物理过程的主要特点，通常包括陆面水文模型、水库调度模型、地下水模型、河流动力学模型等。自然界中无法观测的变量或连续空间难以连续观测的变量可通过模型模拟数据间接提供伪观测数据。随着计算机技术不断发展，复杂耗时的物理模型也可在一定程度上快速得到模型模拟数据。地下水模型可提供地下各点水头分布以及地下水流方向及流量大小（薛禹群和朱学愚，1979)。一维河流动力学模型可提供河流沿程的河流流量和水位分布（王船海，2003)。陆面模型可提供土壤湿度、土壤温度、净辐射等变量（Dai et al.，2003)。水文模型可提供流域出口的径流过程（芮孝芳，2004)。水库调度模型可提供水库模拟调度的出库流量过程（陈森林，2008)。

3. 政府部门统计数据

中国政府于19世纪80年代初和20世纪初开展了两次全国水资源调查评价工作，相关水利普查数据也相应进行了存档工作。2017年4月再次启动了第三次全国水资源调查评价工作，从而全面统计了我国水资源数量、质量等情况。各省（自治区、直辖市）水利部门每年年末会进行水资源年鉴编制工作，统计各省（自治区、直辖市）水资源数量、质量、水生态环境、水资源开发利用等情况。同时，由于水资源是最基础的自然资源，能够影响社会经济的发展，因此相关社会经济统计数据可反映水资源变化对社会经济发展的影响。

1.2.1.2 数据驱动方法

在信息技术高速发展的时代背景下，“数据”已成为当下最流行的词汇，数据形式多种多样，如文档、图片和视频等。数据经过清洗、融合，形成信息；信息经过有序组织，发展为信息链，形成知识；知识通过联合运用解决问题，形成智慧；运用智慧来解决更多复杂实际问题，同时可产生新数据。“数据—信息—知识—智慧”形成的螺旋上升过程可称为数据驱动。数据驱动方法是通过大量数据，发现一些规律或相关关系，用数学公式表达出来，可称为模型（Model）或模式（Pattern），实质是通过大量数据建立模型，并进行训练以逼近真实问题。数据驱动方法在水库调度领域的应用旨在通过重要水文数据挖掘水库调度决策者的知识和智慧，应用于水库调度，以提高水库效益。数据驱动方法主要包括数据挖掘和数据同化等。

1. 数据挖掘

数据挖掘是基于大容量数据的一项技术，其本质是有目的地从大量看似不相关的冗杂数据中提取重要信息，找到各种数据和变量之间的关系，从而建立相应的数据模式及模型。数据挖掘算法众多，应用最广的有机器学习、深度学习、决策树、人工神经网络、支持向量机、贝叶斯方法等。在水库调度领域，数据挖掘及相关算法常被应用于水库调度规则的提取。尹正杰等（2006）基于水库入库径流量、蓄水量和调度时段等信息，采用数据挖掘中径向基函数制定了水库供水优化调度规则。Hejazi 等（2008）采用数据挖掘中的信息理论方法（互信息）对美国 79 个水库群的周尺度和月尺度的历史入库流量、出库流量和水库库容数据进行分析，分别找出不同尺度中影响水库出库流量最大的变量。Cheng 等（2008）基于台风预报信息和降雨情况，采用数据挖掘中的决策树制定了水库优化调度规则。Hejazi 和 Cai（2011）基于历史调度信息，通过数据挖掘中的最大相关最小冗余方法找出与水库出库流量关系密切的水文因素，并依此建立水库随机动态规划模型。习树峰等（2012）基于预报降雨情况、前期土壤含水量、水库水位等信息，采用决策树制定了跨流域引水水库实时调度规则。针对梯级水库群多目标优化调度输入变量的不确定性，Yang 等（2017）采用决策树方法筛选出相应敏感变量，并通过多目标优化算法提取梯级水库群发电和供水多目标优化调度规则。Bozorg-Haddad等（2018）将支持向量机和人工神经网络应用于伊朗3个水库联合兴利调度规则的提取，结果表明支持向量机表现优于人工神经网络，但两者均可降低输入数据的不确定性。

2. 数据同化

数据同化技术是通过观测数据提高复杂动态模型模拟精度的有效手段，应用最广泛的方法包括：卡尔曼滤波方法、扩展的卡尔曼滤波、集合卡尔曼滤波（Evensen，2003）和粒子滤波方法等。在水利领域，数据同化方法被广泛应用于陆面模型、水文模型、地下水模型、水文预报，主要用于更新模型状态变量和识别模型参数。近年来逐渐被应用于水资源调度领域，通过同化观测数据更新水资源调度系统，提高水资源调度管理效率。Bauser等（2010）将数据同化技术应用到瑞士苏黎世市的地下饮用水井污染管理系统，通过同化87个实时地下水水头观测数据实时更新三维有限元地下水模型，从而实时优化人工灌水，避免饮用水水源污染。Munier等（2015）在尼日尔河流域上游耦合水文模型、河道水流演进模型和水库优化调度模型，通过数据同化技术将水库和河流水位遥感观测数据（周期为21d）同化至水库优化调度模型中，从而降低了水文模型、河道水流演进模型给水库调度模型带来的误差，提高了水库优化调度效率。

1.2.2 水库实时优化调度

水库实时优化调度是水库调度管理者执行调度决策至关重要的环节，属于实时系统优化控制研究范畴，国内外学者对此展开了大量研究，主要研究问题包括水库实时优化调度规则提取和预报不确定性对水库实时调度的影响等。在水库实时优化调度规则提取方面，Chang等（2005）提出了水库实时智能控制系统，首先基于模糊方法（Fuzzy Rule Based，FRB）和遗传算法（Genetic Algorithm，GA）提取水库调度信息，再将自适应网络模糊推理系统（Adaptive Network based Fuzzy Inference System，ANFIS）应用于水库实时优化调度，以台湾石门水库为实例进行研究，结果表明水库实时智能控制系统调度结果优于水库现有M－5调度规则。You和Cai（2008a）基于两阶段水库实时调度模型，从理论上分析了水库对冲规则（Hedging Rule）起点和结束点以及入库径流不确定性的影响。基于理论分析结果，You和Cai（2008b）将水库对冲规则应用于水库两阶段实时优化供水调度中，从数值模型应用层面证实了两阶段对冲调度规则优于常规调度规则。Ding 等（2015）通过两阶段实时汛限水位动态控制模型提取对冲调度规则，将汛期实时防洪调度模型视为两阶段优化调度模型，并分析了预报不确定性对防洪优化调度的影响，结果表明实时优化对冲调度规则能够有效提高防洪效益，降低防洪风险。Sahu 和 McLaughlin（2018）提出了一种考虑发电计划的水库实时兴利调度规则集合优化方法，通过集合随机实时控制方法探究入库流量的不确定性，结果表明考虑了集合优化方法的随机动态规划和模型预测控制方法的收益高于常规调度。

在预报不确定性对水库实时调度影响方面，Hsu 和 Wei（2007）提出了水库实时优化调度模型（RES－RT），包括 3 个子模型：降雨预测模型、径流预测模型和水库优化调度模型，并应用于台湾石门水库，结果说明考虑了降雨径流预测的水库实时优化调度模型在防洪和兴利双目标优化调度结果均优于常规调度。Valeriano 等（2010）在水库实时优化调度中考虑降雨预报误差，并将实时优化调度模型应用于日本 Tone 水库系统，结果说明考虑降雨预报误差的实时优化调度模型能够有效降低下游防洪控制点流量。Wang 等（2012）将日本气象局提供的 30 个预报长度为 8d 的全球数值天气预报的集合水文预报应用于丰满水库多目标汛期实时优化调度，结果表明基于集合预报的水库实时优化调度能够显著提高防洪效益。Uysal 等（2018）将基于情景树的模型预测控制方法（Tree－Based Model Predictive Control，TB－MPC）应用于土耳其一水库防洪实时调度，通过概率入流预报方法考虑了预报长度为 48h 入库流量的不确定性，结果表明 TB－MPC 可有效降低下游防洪风险。

水库实时调度属于实时控制系统，实时控制系统常包括实时系统模型、实时观测数据和优化算法 3 部分。Bauser 等（2010）在瑞士苏黎世 Hardhof 区域建立了防止地下水污染的人工回灌实时优化控制模型，将 87 个地下水实时水头观测数据通过数据同化方法耦合至三维有限元地下水模型，从而在每个时刻实现模型状态更新，结果表明数据同化后的人工回灌实时优化控制模型能够有效降低地下水污染量。Munier 等（2015）在尼日尔河流域耦合了大尺度分布式水文（Variable Infiltration Capacity，VIC）模型-河流演进模型-水库供水调度模型，通过数据同化方法耦合虚拟 SWOT（Surface Water and Ocean Topography）遥感数据（原定于 2020 年发射，时间步长为 21d），定期校正水库优化调度模型，结果表明定期校正的水库调度供水效益更优。以上研究均通过数据同化方法耦合观测数据，提高了优化控制效果，属于闭环控制系统。但在水库实时调度中，往往未考虑实时观测数据的反馈作用、模型误差和外界随机干扰，属于开环控制系统，存在单向无反馈性。随着实时观测数据的普及和计算机快速发展，可以考虑将水库实时优化调度开环控制系统发展为闭环控制系统，将实时观测数据作为闭环控制系统的实时反馈，提高水库实时优化调度效益。

1.2.3 水库优化调度规则

1.2.3.1 水库优化调度规则形式不确定性

水库确定性优化调度是对水库调度潜在效益的估计，基于历史径流对水库确定性优化调度模型进行求解，得到水库出库的“最优轨迹”。由于径流存在不确定性，难以得到完整径流序列，因此无法直接对水库确定性优化调度模型进行求解。而水库优化调度规则无需完整径流序列，比水库确定性优化调度模型更实用。水库调度规则的提取方法主要有显随机优化方法（Explicit Stochastic Optimization，ESO）、隐随机优化方法（Implicit Stochastic Optimization，ISO）和参数-模拟-优化方法（Parameterization - Simulation - Optimization，PSO）3 大类。ESO 是指考虑径流的不确定性，可假设入库流量为服从一定概率分布的不确定性输入，建立确定性优化调度模型进行求解。ISO 是指基于历史入库流量资料，建立水库确定性优化调度模型获得最优轨迹，再提取水库优化调度规则（纪昌明等，2013)。PSO 是指提前设定水库调度规则形式和参数，通过优化算法和水库优化调度模型确定调度规则最优参数，继而确定水库优化调度规则（郭旭宁等，2016)。水库优化调度规则形式多样，主要可分为两大类：调度图和调度函数。

1. 调度图

调度图是指导水库调度运行的一组控制曲线图，横坐标一般为时间，步长为月或旬，纵坐标一般为水库水位或库容。一系列不同供水量的曲线可将调度图划分为不同调度区，分别对应不同流量级别、供水等级或出力级别，常用于实际水库中长期优化调度（黄草等，2014)。按照水库调度目标可分为发电调度图（刘攀等，2008；刘心愿等，2009)、防洪调度图（刘招等，2009；路效兴和程时完，2000）和供水调度图（郭旭宁等，2011；王平，2008）等。根据调度图参数是否进行优化可分为常规调度图和优化调度图。在水库规划设计阶段设定，并用于水库中长期调度计划编制的调度图可称为常规调度图。但其未考虑预报来水信息，难以与日益变化的水文气候相匹配。优化调度图不仅可基于最优轨迹通过 ISO 确定，也可通过 PSO 确定，即通过优化算法直接优化调度图的控制曲线形态。路效兴和程时完（2000）对二滩水库防洪调度图进行了研究，解决了防洪与发电双目标优化调度，从而提高了防洪和发电效益。刘攀等（2008）采用 PSO 对清江梯级水库群联合优化调度图进行优化，确定了梯级总出力和梯级可能出力的二维水库调度图，并采用聚合-分解方法对梯级总出力进行分解。针对梯级水库群联合优化调度，刘心愿等（2009）对梯级水库群进行聚合-分解，基于 PSO 优化确定了梯级水库虚拟聚合水库调度图和出力分配模型，提高了梯级水库群发电效益。王旭等（2010）对水库调度图优化进行了归纳总结。王旭等（2013）提出了基于可行空间搜索遗传算法，解决了调度图优化过程中可行空间搜索困难的问题。

2. 调度函数

调度函数比调度图更灵活，不仅可人为确定水库调度函数的决策因子和决策变量，还可确定水库调度函数决策因子与决策变量之间线性或非线性关系。与调度图相同，调度函数确定方法包括 ESO、ISO 和 PSO。Celeste 和 Billib（2009）采用 ESO、ISO 和 PSO 构建了 7 种随机调度模型，分别提取水库优化调度规则，发现 ISO 和 PSO 表现优于 ESO，基于 PSO 的曲面调度规则和二维对冲规则表现最优。陈西臻等（2015）通过 PSO 构建了基于聚合-分解框架的并联水库群防洪调度函数，结果证明并联水库群防洪优化调度函数优于常规调度。

此外，基于黑箱模型的水库调度规则无法直接用调度函数的形式表现出来，如支持向量机（纪昌明等，2014）、人工神经网络（张保生等，2004）等。水库调度规则形式多样，通常由水库管理者主观确定，缺乏一定的科学依据。针对水库调度规则形式的不确定性，需寻求一种稳健的集合调度规则。

1.2.3.2 基于洪水空间分布不确定性的水库调度规则

随着国内水库数目剧增，流域水库群联合优化调度成为水资源管理者研究重点，设计阶段单水库的常规调度规则已不能满足要求，因此需要提取流域水库群联合优化调度规则。目前流域水库群联合优化调度研究通常是通过 ISO 或 PSO 提取流域水库群联合优化调度规则，并未考虑流域洪水空间分布不确定性的影响。在大流域水库群联合防洪优化调度中，暴雨强度和暴雨中心位置对水库群联合防洪优化调度影响巨大。由于洪水多样性，大流域洪水空间分布具有很大的不确定性，暴雨强度大且暴雨中心所在子流域的并联水库应提前加大泄流以腾出防洪库容，而其他子流域的并联水库则可控制泄流，抬高水头，保证水库发电或供水效益。

洪水可通过气象参数（如温度、降雨量等）和水文数据（如洪峰、洪量等）进行分类。Merz 和 Blöschl（2003）用气象因素（降雨量）和流域状态量（土壤湿度）对奥地利洪水进行分类。Turkington 等（2016）基于温度和降雨指标对奥地利和法国的流域天气发生器和降雨径流模型产生的洪水进行分类。Hundecha 等（2017）使用洪水空间范围和过程在欧洲进行洪水分类研究。然而，以上研究均基于洪水成因分析，较少关注洪水的多样性对水库调度的影响。Celeste 和 Billib（2012）通过隐随机优化方法，基于未来预报月径流信息分别提取不同量级的单水库调度规则，但未关注流域水库群联合防洪优化调度。可以考虑通过分析多场历史洪水过程，研究流域水库群联合防洪优化调度如何应对洪水空间分布的不确定性。

1.2.4 水库优化调度方法

1955 年，美国哈佛大学工程师、社会和经济科学家们一起提出了哈佛水计划（Harvard Water Program），将水资源管理与经济目标、工程系统和政府决策统一考虑，并撰写了《水资源系统设计分析》（Maass et al.，1962）。随着系统工程和计算机的发展，五六十年代科学家们将系统工程理论应用到了水库优化调度（Little，1955；Young，1967）。80 年代，伯拉斯（1983）撰写的《水资源科学分配》概括总结了水资源调度分配的理论和方法。水库调度发展早期主要注重数学模型的建模和求解，通过国外研究学者提出的线性规划、非线性规划和动态规划等方法求解存在一定假定的数学模型，无法真实反映水库调度系统的复杂性。随着计算机科学的快速发展，各种智能算法不断涌现，水库调度模型逐渐变得精细化和实际化，接下来将对水库优化调度方法进行详细介绍。

1.2.4.1 线性规划（Linear Programming）

线性规划发展较早，求解方法和求解工具均较为成熟，求解效率高，且能得到全局最优解，因此早期被广泛应用于水资源系统调度。Windsor（1973）通过递归线性规划方法求解水库群防洪调度模型，基于水文预报信息，线性规划法对应的水库决策能够有效降低洪灾损失。基于防洪调度基本原理，都金康等（1995）建立了水库防洪线性规划模型，提出并证明了两种变量替代解法的可行性。Needham 等（2000）构建了三水库防洪调度的混合整数线性规划模型，结果说明混合整数线性规划模型优于常规调度，能够有效降低洪灾损失。张宝林和杨松元（2013）建立了水库群单一目标线性规划防洪联合优化调度模型，并在清江上游水库群得到了应用。线性规划法虽求解方便，但其内嵌线性等各种假定，与实际水库调度相差甚远。

1.2.4.2 非线性规划（Nonlinear Programming）

由于水库优化调度中存在很多非线性关系，无法直接采用线性规划求解，因此非线性规划更适合求解水库优化调度模型。Chu 和 Yeh（1978）建立水库实时发电优化调度模型，目标函数为单水库累计日发电量最大，为非线性凹函数，约束条件包括非线性和线性约束，采用非线性对偶方法求解，并在加州萨拉门托某水库进行了验证。梅亚东和冯尚友（1989）基于水电站水库系统死库容问题，建立了非线性网络流模型，通过逐次线性化和单纯形法求解模型，得到了多种死库容及相应的水电站系统最优运行策略。Unver 和 Mays（1990）耦合非线性规划模型和洪水演进模型，建立了水库实时防洪优化调度模型，并采用广义梯度法进行求解。周研来等（2012）采用非线性规划法修正隐随机优化法得到联合调度函数，应用发现修正后的联合调度函数比常规调度年均发电量提高了 1.42%。非线性规划法比线性规划法更为灵活，但求解难度较大。

1.2.4.3 动态规划（Dynamic Programming）

动态规划将复杂多阶段问题可分解为多个单阶段相对简单的子问题，建立各阶段间的状态转移方程，通过子问题递归对原复杂问题进行求解，可减少优化变量个数，提高求解效率。Bellman（1956）提出的贝尔曼方程是动态规划的核心，表明了当前阶段函数值和下一阶段函数值的关系，广泛应用于工程优化控制领域。Hall 和 Buras（1961）最早将动态规划法应用于水资源优化调度，以寻求最优调度决策。Kelman 等（1990）将随机径流过程引入到动态规划模型，建立了随机动态规划模型，考虑了径流不确定性对水库调度的影响。梅亚东（1999）针对动态规划的无后效性要求与马斯京根洪水演进的有后效性，提出了一种简化多维动态规划递推解法。动态规划适合用于求解单库优化调度最优决策，但若水库个数增加，则易引发“维数灾”，因此出现了各种动态规划的改进算法，如逐次逼近动态规划法（Dynamic Programming Successive Approximation，DPSA）、离散微分动态规划法（Discrete Differential Dynamic Programming，DDDP）和逐步优化算法（Progressive Optimality Algorithm，POA）等。

1.2.4.4 智能算法

智能算法是随着计算机高速发展而崛起的新型算法，与线性规划、非线性规划和动态规划不同，智能算法对目标函数、约束条件的线性、非线性、连续性、凹凸性均没有要求，也不需要具体的函数解析表达式，只需确定模型输入和模型目标函数的关系即可。由于智能算法适用范围广，搜索效率高，在水库群优化调度中应用十分广泛，根据水库群优化调度目标个数，可分为单目标智能算法和多目标智能算法两大类。

1. 单目标智能算法

常见的单目标智能算法包括：GA、差分进化算法（Differential Evolution，DE)、粒子群算法（Particle Swarm Optimization，PSO)、蚁群算法（Ant Colony Algorithm，ACA)、免疫算法（Immune Algorithms，IA）等。Wardlaw 和 Sharif（1999）将 GA 用于求解水库群实时优化调度模型，结果表明 GA 能够有效求解水库群实时联合优化调度模型，并得到稳健的水库决策。Afshar（2012）提出了两种改进的粒子群算法，并将其应用到大规模水库群供水和发电优化调度中，结果说明改进的粒子群算法优于原粒子群算法和遗传算法。

2. 多目标智能算法

水库调度通常涉及多个利益主体，须同时考虑防洪、发电、供水、灌溉、生态等目标。与单目标水库优化调度不同，多目标水库优化调度无法得到唯一最优解，而是一组非劣解集。因此单目标智能算法无法对多目标水库优化调度直接进行求解，常用求解多目标水库优化调度方法主要有两种：一是以多个目标重要性为权重转化为单目标水库优化调度问题（张忠波，2014）。Niewiadomska - Szynkiewicz 等（1996）将并联水库群实时防洪优化调度模型中不同支流的多个目标，通过权重转换为单目标后进行优化求解。二是使用多目标智能算法求解多目标水库优化调度模型。常见的多目标智能算法有基于非支配排序的带有精英策略的多目标优化算法（Non - dominated Sorting Genetic Algorithm Ⅱ，NSGA Ⅱ)、多目标粒子群算法（Multi - Objective Particle Swarm Optimization，MO - PSO)、多目标差分算法（Multi - Objective Differential Evolution）等。Qin 等（2010）提出了改进多目标差分优化算法，并将其应用至多目标水库群防洪优化调度中，结果表明多目标差分优化算法能够有效得到较好的非劣解集。

此外，流域水库越来越多，联合调度需求复杂，从而导致优化变量个数增多，模拟优化越来越复杂，大规模水库群联合优化调度出现“维数灾”“多目标”“模拟耗时”等问题。可以考虑通过分析长系列径流过程和复杂模型，从“变量-目标-模型”3个层面探究大系统水库群优化调度的高效求解技术。

1.2.5 水文非一致性下水库适应性设计

由于人类活动和气候变化的影响，日益变化的下垫面条件和加剧的人类活动已经显著影响了流域产汇流过程。国际水文科学协会提出了10年（2013—2022年）科学计划“Panta Rhei - Everything Flows”，认为日益变化的全球气候和水文系统导致水文一致性假定被打破，出现了水文非一致性。基于水文一致性的水利工程在水文非一致性下原设计功能发生变化（Milly et al.，2015），需要探究水文非一致性下水库如何进行适应性设计。由于大量研究表明基于一致性假定的水文频率计算方法不再适用于水文非一致性，水库及下游防洪安全取决于水文荷载（如洪峰、洪量等）与水库的相互作用，因此本小节将从水文非一致性频率分析、结构荷载重现期和基于水文非一致性的水库适应性设计3个方面论述国内外相关研究进展。

1.2.5.1 非一致性水文频率分析

水文频率分析一般定义为根据水文统计资料分析水文变量设计值与其频率或重现期之间的关系。在水文一致性条件下，水文变量设计值、频率和重现期一一对应，不随时间变动。但由于人类活动加剧和气候变化，导致下垫面发生改变，水文过程不满足一致性假定，原有水文频率分析方法已不再适用水文非一致性情况，大量研究者开始探究水文非一致性频率分析方法。Olsen等（1998）阐述了水文非一致性条件下洪峰极值重现期的定义以及相应极值事件风险率的计算。基于气候变化引起的非一致性，Parey等（2010）提出了几种通过数值极值理论的日最高温度重现期计算方法，并对温度变化趋势进行延伸，计算了未来日最高温度的重现期。Vogel等（2011）对美国大部分河流历年径流进行水文非一致性分析，提出了十年洪水放大系数和重现期递减系数两个参数来描述水文非一致性。Cooley（2013）基于两种传统水文非一致性条件下极值事件重现期计算方法，提出了相应年最大径流风险估计方法。Salas和Obeysekera（2013）

详细介绍了水文非一致性条件下极值事件重现期、超出概率、风险、可靠度等参数的定义和计算方法，并指出水文非一致性与一致性条件下频率分析计算的不同之处。Read 和 Vogel（2015）描述了水文非一致性条件下极值事件重现期、可靠度两参数，对比分析后指出可靠度比平均重现期更适于水文非一致性下频率分析。熊立华等（2015）对国内外水文非一致性频率分析方法研究进行了归纳总结，指出了存在的研究重点和难点。Read 和 Vogel（2016a）首次将医学领域的风险函数分析应用于水文非一致性频率分析计算，指出风险函数能够较好地描述水文非一致性条件下极值事件随时间变化的超出概率，并通过蒙特卡洛实验证明极值事件重现期在洪水单变量非一致性条件下不再服从指数分布，而服从 Weibull 分布。

1.2.5.2 结构荷载重现期

水文一致性条件下，若水利工程只考虑单变量荷载（如洪峰）的影响，则单变量设计值重现期与水利工程相应设计值重现期一一对应。当水文变量超过设计值时，可视为水利工程出现防洪风险。但水利工程安全往往取决于水文变量荷载与水利工程的相互作用，如水库防洪安全取决于洪峰、洪量等变量与水库调洪演算过程，因此需要通过考虑多变量联合重现期和危险事件风险来分析水利工程相应重现期和防洪风险。目前两变量重现期和联合设计值计算方法很多，第一种计算方法为“或”（OR）。当两变量中任意一个变量超过给定设计值时，水利工程则进入危险区域，出现防洪风险（Salvadori，2004），如图 1.1（a）所示。第二种计算方法为“且”（AND）。当两变量均超过给定设计值时，水利工程则进入危险区域，出现防洪风险（Salvadori and De Michele，2004），如图 1.1（b）所示。由于前两种两变量重现期计算方法会高估或低估水利工程风险，存在较大的局限性（Salvadori and De Michele，2004），Salvadori 等（2011）提出了第3种计算方法——肯德尔（Kendall）法，通过联合概率等值线设定危险区域，当两变量联合概率值超过等值线时，水利工程则进入危险区域，如图 1.1（c）所示。由于 Kendall 法安全区域设定无界，Salvadori 等（2013）提出了第 4 种计算方法——生存 Kendall 法（Survival Kendall），将生存函数应用于定义危险区域，当两变量生存联合概率值超过相应阈值时，水利工程则进入危险区域，如图 1.1（d）所示。

以上 4 种方法常用于两变量洪水重现期分析（史黎翔和宋松柏，2015；姚瑞虎等，2017）。但对于具有调蓄功能的水利工程而言，不能直

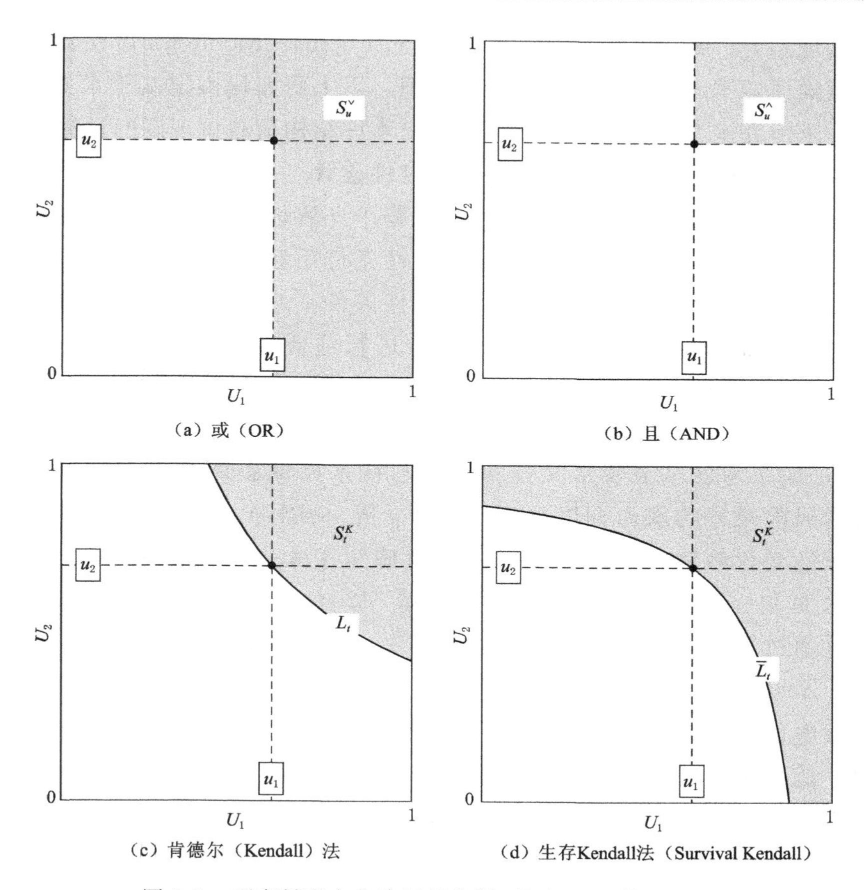

(a) 或 (OR)　(b) 且 (AND)

(c) 肯德尔 (Kendall) 法　(d) 生存Kendall法 (Survival Kendall)

图 1.1　两变量联合危险区域分析 (Salvadori 等，2016)

接从水文变量荷载大小组合判断水利工程结构是否安全，需要考虑水文荷载与水利工程结构的相互作用，如水库需要通过调洪演算过程确定水库最高坝前水位和最大下泄流量才能判断水库和下游防洪保护对象是否出现防洪风险。因此，一些研究学者提出演进重现期 (Routed return period) (Requena et al.，2013) 或基于结构的重现期 (Structure - based return period) (Volpi and Fiori，2014)。Requena 等 (2013) 通过实例比较了考虑多变量水文荷载与水库相互作用的重现期与水文多变量联合重现期，说明了水文荷载与结构相互作用对水库重现期影响较大。Volpi 和 Fiori (2014) 从方法角度详细介绍了如何计算考虑水文荷载的结构重现期。Salvadori 等 (2016) 分析比较了前 4 种两变量水文荷载联合重现期与考虑水文荷载的结构重现期，提出了水利工程风险评估方法。刘章君等 (2018) 定义考虑多变量水文荷载的结构重现期为“结构荷载重现期”，并通过 Copula－Monte Carlo 法计算了清江流域隔河岩水库相应设计标准的设计值，以上研究均假定基于水文一致性条件，未研究水文多变量非一致性条件下水库结构荷载重现期的计算。

1.2.5.3 基于水文非一致性的水库适应性设计

在人类活动和气候变化的影响下，基于一致性条件水库原有设计功能发生改变，百年一遇洪水在水文非一致性条件下频率发生变化，防洪水库防洪风险也随之变化。随着水文非一致性条件下水文频率分析计算方法的发展，水库如何基于水文非一致性条件进行适应性设计得到了大量关注。基于水文非一致性不确定性，Steinschneider 和 Brown（2012）提出了分别考虑了季节性水文预报和风险对冲的多目标水库动态调度模型（供水和发电），证明了考虑季节性水文预报的多目标水库动态调度模型的稳健性强于考虑风险对冲的水库调度模型。Zhang 等（2017）分析了三峡水库洪水非一致性变化趋势，并通过试算法定量确定了未来汛限水位动态调整值。基于水文非一致性的不确定性，Hui 等（2018）建立了随机动态规划模型，并通过贝叶斯理论更新历年洪峰概率，优化确定加州河流堤防每年加高值。Zhang 等（2018）建立了水文非一致性条件下三峡水库常规模拟的水库发电优化调度模型，约束条件包括一致性条件下防洪风险和条件风险价值，优化确定了水文非一致性下历年水库汛限水位值。

以上基于水文非一致性的水库适应性设计研究均基于传统水文非一致性频率分析方法，假设重现期符合指数分布，只关注单变量洪峰非一致性。但 Read 和 Vogel（2016a）已论证水文非一致性下重现期分布发生改变。并且洪水包括洪峰、洪量、洪水历时等变量，单变量洪水（洪峰）非一致性无法真实描述洪水非一致性。基于长系列历年洪水观测数据，分析多变量洪水非一致性。基于多变量洪水非一致性下水文荷载与水库的相互作用，探究水库和下游保护对象防洪风险及结构荷载重现期计算方法。在以上探究的基础上，进一步研究基于多变量洪水非一致性的水库适应性设计策略。

1.3 研究问题

水利监测信息系统和水文水资源模型能够为水库调度提供大量观测数据和模型模拟数据。同时，随着计算机和互联网技术的发展，各种数据驱动方法应运而生，本书主要基于数据驱动方法对水库调度不同时间尺度的5个研究问题进行深入研究：

（1）水库实时调度开环控制系统的单向无反馈性。由于水库实际调度过程与实时优化调度模型不完全吻合，以及调度模型的不确定性及误差，导致水库实际状态与模型模拟状态存在偏差。但传统水库实时优化调度研究旨在构建实时优化调度模型，滚动求解得到最优决策，未考虑模型的不确定性，以及观测数据对实时调度系统的实时校正和反馈作用，属于开环控制系统，具有单向无反馈性。

（2）水库调度规则形式的不确定性。水库优化调度规则的提取方法有“显随机优化方法”“隐随机优化方法”和“参数-模拟-优化”方法。但水库调度规则形式多样，不同形式各有优缺点，调度规则形式的选取具有较大的人为主观性，尚无通用的调度规则形式，导致调度规则形式存在较大的不确定性。

（3）流域洪水空间分布不确定性对水库群调度规则的影响。流域洪水多变，暴雨强度和暴雨中心空间分布对流域内水库群联合防洪调度效果影响较大。但现有流域水库群联合防洪调度规则的提取均未考虑流域洪水空间分布不确定性对水库群联合防洪调度规则的影响。

（4）大系统水库群中长期联合调度的多维多目标耗时特性。随着水库数目增加，优化变量个数剧增，水库群联合优化调度易导致维数灾问题。水库群联合优化调度涉及多方利益，需要对多个目标进行权衡。大系统水库群供需复杂，导致大系统水库群中长期联合调度系统模拟耗时，难以及时得到优化调度解。

（5）多变量洪水非一致性对水库适应性设计的影响。由于人类活动加剧和气候变化，水文非一致性凸显。洪水具有多个特征变量，但当前水文非一致性频率分析和重现期计算只考虑洪峰非一致性，未考虑多变量洪水非一致性；并且水库防洪风险和重现期计算未考虑水文多变量荷载与水库的相互作用。

1.4 研究思路

水库作为径流调节的关键水利工程，水库调度一直是水资源规划管理的研究重点。本书主要研究目的是：通过数据驱动方法将大量水文监测数据和模型模拟数据应用于水库调度，以解决水库实时调度开环控制系统的单向无反馈性、水库调度规则形式的不确定性、流域洪水空间分布不确定性对水库群调度规则的影响、大系统水库群中长期联合调度的多维多目标耗时特性和多变量洪水非一致性对水库适应性设计的影响5大研究问题：①基于水库实时水位观测数据，通过数据同化方法将水库实时优化调度开环控制系统发展为闭环控制系统；②基于多种单一水库短期优化调度规则，通过贝叶斯模型平均方法提出一种稳健的水库短期集合调度规则；③基于多场历史洪水，通过投影寻踪法进行洪水分类，分析流域洪水空间分布的不确定性，再分别提取流域水库群洪水分类-聚合-分解调度规则；④基于历年径流资料和大系统水库群中长期联合优化调度模型模拟数据，用参数综合降维技术和定向多目标自适应替代模型优化算法解决大系统水库群联合优化调度中的“维数灾”“多目标”和“模拟耗时”问题；⑤基于历年长系列水文资料分析多变量洪水非一致性，通过C－vine Copula－Monte Carlo法和风险函数分析法探究多变量洪水非一致性条件下水库及下游保护对象防洪风险计算及适应性设计策略。本书整体研究框架见图1.2，各章节的核心要点如下：

第1章——绪论。介绍本书的研究背景与意义，对水库调度领域的数据及数据驱动方法进行了归纳总结，并概括了水库实时优化调度、水库优化调度规则、水库优化调度方法和水文非一致性条件下水库适应性设计的研究进展，同时指出了相关研究的局限性和改进方向。

第2章——水库实时优化调度闭环控制系统。对比介绍了水库实时优化调度的开环控制系统与闭环控制系统。通过约束集合卡尔曼滤波方法耦合实时水库水位观测数据，实时校正水库库容和水位，将水库实时调度由开环控制系统发展为闭环控制系统，并针对三峡水库实时防洪调度做了系统的应用研究。

第3章——水库短期集合优化调度规则。基于水库短期确定性优化调度最优轨迹，采用隐随机优化方法提取三种单一水库短期优化调度规则（分段线性、曲面拟合和最小二乘支持向量机）。通过贝叶斯模型平均方法提取稳健的水库短期集合优化调度规则和调度区间。

第4章——基于洪水空间分布不确定性的水库群优化调度规则。针对流域洪水多变性，通过投影寻踪法对多场历史洪水进行洪水分类，分析洪水空间分布的不确定性。基于不同洪水类别，提取考虑流域干流和支流防洪效益权衡的水库群聚合-分解调度规则。

第 5 章——水库群中长期多目标联合优化调度高效求解技术。针对大系统水库群中长期多目标联合优化调度，采用参数综合降维技术对其进行降维，包括大系统聚合-分解和敏感性分析。采用定向多目标快速非支配排序遗传算法提高多目标 Pareto 前沿搜索效率，耦合自适应替代模型形成多目标自适应替代模型优化算法。从“变量-目标-模型”3 个层面实现大系统水库群中长期多目标联合优化调度的高效求解。

第 6 章——水文非一致性下水库及下游防洪风险计算。基于长系列历年水文资料，分析洪峰、洪量和洪水历时三变量的非一致性。结合 C-vine Copula-Monte Carlo 法和风险函数分析法计算多变量洪水非一致性下水库防洪风险和可靠性。分析水库适应性设计策略对水库洪灾损失和兴利效益的影响。

第 7 章——结语。总结本书的研究内容与研究成果，并指出研究中存在的不足之处，以及给出可继续完善的思路。

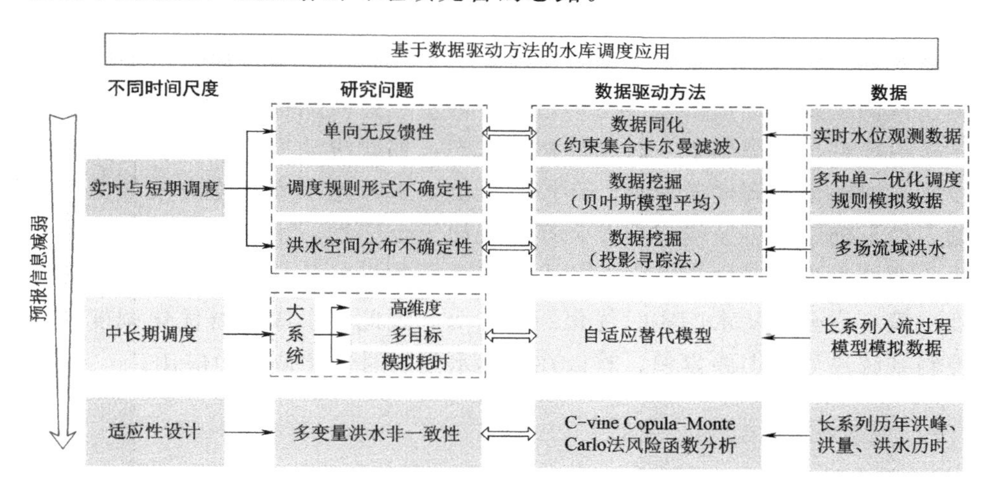

图 1.2　整体研究框架

第2章

水库实时优化调度闭环控制系统

2.1 引言

水库实时优化调度与水库调度决策者进行调度实际操作密切相关。水库实时调度常被视为两阶段滚动模拟调度，如图2.1所示。第一阶段是指当前时刻，第二阶段是将预报阶段内除去当前时刻的剩余时刻。两阶段滚动模拟调度模型是指根据模型初始状态确定当前时刻优化出流，再通过水库模拟模型计算得到下一时刻的初始状态，如此滚动模拟计算。水库两阶段实时滚动模拟调度模型为开环控制系统，未考虑水库调度决策者操作和输入的不确定性以及模型误差，存在单向无反馈性。水库两阶段实时滚动优化调度模型难以完全真实反映水库调度决策者的偏好，但仍假设水库调度决策者完全服从水库实时优化调度指令。因此，水库实时优化调度开环控制系统易导致误差累积，难以在实际水库实时优化调度中应用。

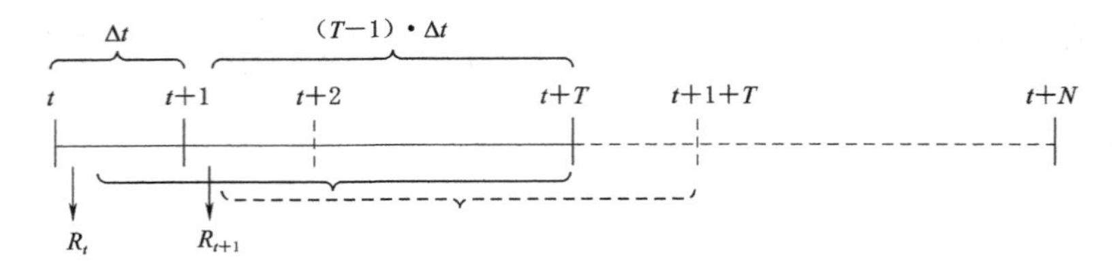

图2.1 水库两阶段滚动模拟实时调度框架图（Ding et al.，2015）

Bauser等（2010）提出实时控制系统包括3部分：实时系统模型、实时观测数据和优化算法。实时系统模型是指所研究系统的物理模拟模型。实时观测数据是指研究系统中可观测变量的实时观测数据。优化算法则是耦合实时控制系统3大部分，实现实时控制系统最优的算法。对于水库实时优化调度，实时系统模型为水库两阶段滚动模拟调度模型，本章采用河道型水库模拟模型，即一维水动力学模拟模型。实时观测数据为河道型水库有限水位观测断面观测数据。优化算法则是实时系统模型选用的优化算法。因此，水库实时优化调度可通过添加实时观测数据的反馈，将开环控制系统发展为闭环控制系统。本章选用三峡水库作为研究实例，水库汛期水面不平，受动库容影响大。因此采用一维水动力学模型计算三峡水库沿程断面的流量和水位，计算水库动库容。对比分析了水库实时优化调度开环控制系统和闭环控制系统，通过数据同化方法耦合实时观测数据给闭环控制系统提供实时反馈，体现了水库实时优化调度闭环控制系统的优越性。

2.2 开环控制与闭环控制对比概述

水库实时优化调度开环控制系统和闭环控制系统框架如图2.2所示。开环控制系统是指每个时刻根据当前时刻库容和预报流量确定最优出库流量，默认水库调度决策者完全服从最优出库流量，并将其输入河道型水库模拟模型，计算出河道型水库坝前所有断面的水位及动库容。河道型水库模拟模型是指一维水动力学模型，本书采用普列斯曼法（Preissmann）进行求解（Preissmann，1961）。闭环控制系统是指基于最优出库流量，既考虑水库管理者的偏好是否遵循最优出流，同时基于河道型水库模拟模型模拟得到的水库断面水位，采用数据同化方法耦合有限断面观测水位，从而实现所有断面水位的更新，形成一个实时反馈作用。

水库实时优化调度开环控制系统与闭环控制系统本质区别在于是否实时考虑：①水库调度决策者实际操作与最优泄流的关系；②河道型水库坝前有限断面的实时观测水位。耦合河道型水库有限断面的水位观测数据更新河道型水库模拟模型，从而更新河道型水库所有断面的水位，同时消除模型误差和观测误差。河道型水库实时水位观测数据是水库实时优化调度闭环控制系统的实时反馈。与开环控制系统相比，闭环控制系统中水库调度决策者可根据自身需求判定是否完全遵循最优出库流量。另外，改进的数据同化方法，约束集合卡尔曼滤波方法（Constrained Ensemble Filter with the Accept/Reject Method，CEnKF accept/reject），将实时水位观测

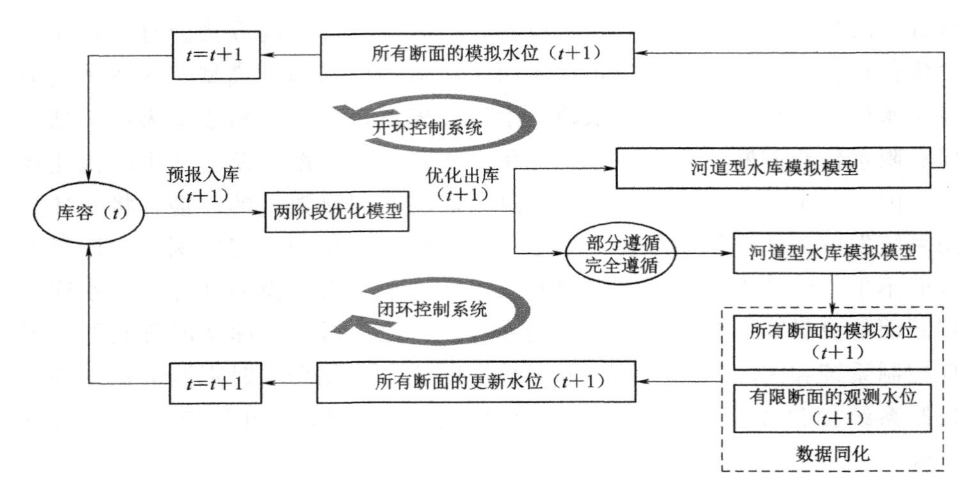

图 2.2 水库实时优化调度开环控制系统和闭环控制系统框架图

数据作为实时反馈提供给水库实时优化调度闭环控制系统，可同时降低模型误差和观测误差。

2.3 河道型水库实时防洪优化调度模型

2.3.1 一维水动力模型

河道型水库洪水可视为一维非稳定流，可用圣维南方程组描述其演进特征。圣维南方程组包括两个偏微分方程，分别是连续性方程和动量方程：

$$\frac{\partial A}{\partial t}+\frac{\partial Q}{\partial x}-q=0 \tag{2-1}$$

$$\frac{1}{A}\frac{\partial Q}{\partial t}+\frac{1}{A}\frac{\partial}{\partial x}\left(\frac{Q^2}{A}\right)+g\frac{\partial z}{\partial x}-g\frac{n^2Q|Q|}{AR^{4/3}}=0 \tag{2-2}$$

式中：A 为过水断面面积；Q 为河流流量；q 为河道型水库单位长度对应的侧向入流或出流；x 和 t 为相互独立的空间和时间变量；g 为重力加速度；z 为过水断面水深；n 为糙率系数；R 为水力半径，$R=A/\chi$，χ 为湿周。

一维水动力模型是河道型水库实时防洪调度系统模拟模型，河道型水库动库容可用圣维南方程求解。普列斯曼四点偏心隐格式是求解圣维南方程常用的数值方法（Preissmann，1961），可计算求解一维水动力模型中河流所有断面的流量和水位。普列斯曼方法网格点示意图如图 2.3 所示。为简便起见，常用有限网格点之间的差分方程代替连续性流体的微分方程，网格点 j 和 $j+1$ 是河道型水库相邻的水库断面 j 和断面 $j+1$，网格点 t 和 $t+1$ 是河道型水库汛期时刻 t 与时刻 $t+1$。时间差分方程计算式见式（2-3），距离差分方程计算式见式（2-4）。图 2.3 中点 M 是指水库断面 j 和断面 $j+1$ 的中间断面 $j+1/2$ 在时刻 $t+\theta$ 的函数，点 M 的变量值可通过式（2-5）进行计算。采用相邻网格点的加权平均和进行计算，权重因子 $\theta(0<\theta<1)$ 体现了变量值偏向时刻 t 的程度，权重因子越小代表普列斯曼法偏向已知时刻，为显式有限差分法；权重因子越大代表普列斯曼法偏向未知时刻，为隐式有限差分法。

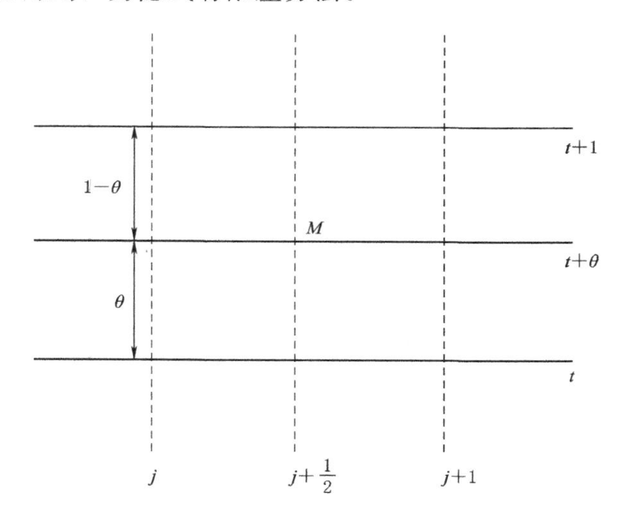

图 2.3　普列斯曼方法网格点示意图

每两个相邻河道型水库断面构成一子河段，每个子河段皆有两个方程，包括水位方程和流量方程，对应 4 个变量。水库断面 j 和断面 $j+1$ 在 $t+1$ 时刻的流量和水位可根据水库断面 j 和断面 $j+1$ 在 t 时刻的流量和水位进行求解。将圣维南方程组化简可得到式（2-6）中的方程组，方程组的参数可通过已知时刻 t 的参数化简得到，见式（2-7）。若河道型水库划分为 N 个断面，则有 $N-1$ 个子河段，对应有 $2N-2$ 个方程，对应有 $2N$ 个变量。由于变量个数大于方程个数，需补充两个边界条件，初始断面的水位和流量或初始断面的流量（入流）和末端断面的流量（出流）。

本章选取初始断面和末端断面的流量作为已知边界条件进行求解，多个方程式汇总后得式（2-8），通过追赶法对其进行求解，可得到河道型水库各断面的流量和水位值。

$$\frac{\partial f}{\partial t} \approx \frac{\Delta f}{\Delta t} = \frac{(f_{j+1}^{t+1} + f_j^{t+1}) - (f_{j+1}^t + f_j^t)}{2\Delta t} \tag{2-3}$$

$$\frac{\partial f}{\partial x} \approx \frac{\Delta f}{\Delta x} = \frac{\theta(f_{j+1}^{t+1} - f_j^{t+1}) + (1-\theta)(f_{j+1}^t - f_j^t)}{\Delta x}, 0 \leqslant \theta \leqslant 1 \tag{2-4}$$

$$f_M = \frac{\theta(f_{j+1}^{t+1} + f_j^{t+1}) + (1-\theta)(f_{j+1}^t + f_j^t)}{2} \tag{2-5}$$

$$\begin{cases} a_{1j} Z_j^{t+1} - c_{1j} Q_j^{t+1} + a_{1j} Z_{j+1}^{t+1} + c_{1j} Q_{j+1}^{t+1} = e_{1j} \\ a_{2j} Z_j^{t+1} + c_{2j} Q_j^{t+1} - a_{2j} Z_{j+1}^{t+1} + d_{2j} Q_{j+1}^{t+1} = e_{2j} \end{cases} (j = 1, 2, \cdots, N-1) \tag{2-6}$$

$$\begin{cases} a_{1j} = 1 \\ c_{1j} = \dfrac{2Q \cdot \Delta t}{\Delta x \cdot B_m} \\ e_{1j} = Z_j^n + Z_{j+1}^n + \dfrac{1-\theta}{\theta} \cdot c_{1j} \cdot (Q_j^n - Q_{j+1}^n) \\ a_{2j} = 2\theta \cdot \dfrac{\Delta t}{\Delta x} \cdot \left[\left(\dfrac{Q_M}{A_M}\right)^2 \cdot B_M - gA_M\right] \\ c_{2j} = 1 - \dfrac{4\theta \cdot \Delta t}{\Delta x} \cdot \dfrac{Q_M}{A_M} \\ d_{2j} = 1 + \dfrac{4\theta \cdot \Delta t}{\Delta x} \cdot \dfrac{Q_M}{A_M} \\ e_{2j} = \dfrac{1-\theta}{\theta} \cdot a_{2j} \cdot (Z_{j+1}^n - Z_j^n) + \left[1 - 4(1-\theta) \cdot \dfrac{\Delta t}{\Delta x} \cdot \dfrac{Q_M}{A_M}\right] \cdot Q_{j+1}^n \\ \quad + \left[1 + 4(1-\theta) \cdot \dfrac{\Delta t}{\Delta x} \cdot \dfrac{Q_M}{A_M}\right] \cdot Q_j^n \\ \quad + 2 \cdot \Delta t \cdot \left(\dfrac{Q_M}{A_M}\right)^2 \cdot \dfrac{A_{(x_{j+1}, Z_M)} - A_{(x_j, Z_M)}}{\Delta x} - \dfrac{2 \cdot \Delta t \cdot g \cdot n^2 \cdot |Q_M| Q_M}{A_M \cdot (A_M / B_M)^{4/3}} \end{cases} \tag{2-7}$$

$$
\begin{pmatrix}
a_0 & c_0 & & & & & & \\
1 & -c_{11} & 1 & c_{11} & & & & \\
a_{21} & c_{21} & -a_{21} & d_{21} & & & & \\
 & & 1 & -c_{12} & 1 & c_{12} & & \\
 & \vdots & & \vdots & & & \vdots & \\
 & & & 1 & & -c_{1,N-1} & 1 & c_{1,N-1} \\
 & & & a_{2,N-1} & & c_{2,N-1} & -a_{2,N-1} & d_{2,N-1} \\
 & & & & & a_N & d_N &
\end{pmatrix}
\begin{pmatrix} Z_1 \\ Q_1 \\ Z_2 \\ Q_2 \\ \vdots \\ Q_{N-1} \\ Z_N \\ Q_N \end{pmatrix}
=
\begin{pmatrix} e_0 \\ e_{11} \\ e_{21} \\ e_{12} \\ \vdots \\ e_{1,N-1} \\ e_{2,N-1} \\ e_N \end{pmatrix}
\tag{2-8}
$$

通过上述一维水动力模型，根据 t 时刻所有断面流量和水位以及已知边界条件（$t+1$ 时刻初始断面和末端断面的流量，即水库 $t+1$ 时刻入库流量和出库流量）可求得 $t+1$ 时刻各断面未知变量（流量和水位）。相邻断面间河段的水流体积可通过棱柱体公式进行计算，通过多个子河段水流体积的叠加则可得到河道型水库的动库容。本研究中一维水动力学模型时间步长为 1h。

2.3.2 水库防洪优化调度模型

水库防洪调度旨在权衡水库上下游效益，常用水库利用的防洪库容最小或水库最大下泄流量最小作为防洪目标。本章定义水库短期防洪实时优化调度目标为最小化归一化后的最大水库库容，见式（2-9）：

$$
\min\left[\frac{\max S(t)}{S_{\max}}\right] \tag{2-9}
$$

式中：$\max S(t)$ 为水库汛期最大库容；$S_{\max}$ 为水库汛期最大允许库容。

水库短期防洪实时优化调度约束主要包括水库下泄流量、水位、库容和相邻时刻泄流量差约束，见式（2-10）～式（2-13）：

$$
R(t)\leqslant R_{\max} \tag{2-10}
$$

$$
Z_{\min}^{j}\leqslant Z^{j}(t)\leqslant Z_{\max}^{j} \tag{2-11}
$$

$$
S_{\min}\leqslant S(t)\leqslant S_{\max} \tag{2-12}
$$

$$
|R(t)-R(t+1)|\leqslant \nabla R \tag{2-13}
$$

式中：$R(t)$，$R(t+1)$ 为时刻 t 和时刻 $t+1$ 的水库出库流量；$R_{\max}$ 为水库汛期最大允许下泄流量；$Z^{j}(t)$ 为河道型水库断面 j 在时刻 t 的水位；

$Z_{\min}^{j}$，$Z_{\max}^{j}$ 分别为河道型水库断面 j 的最小允许和最大水位；$S_{\min}$ 为最小允许水库库容；∇R 为最大允许相邻时刻泄流差。

实时水库防洪优化调度预报长度为3d，调度步长为1h，因此，每个决策时刻预报期内72个时刻的出库流量为优化决策变量。一种随机全局优化算法，动态维度搜索（Dynamically Dimensioned Search，DDS）算法（Tolson and Shoemaker，2007），被用于优化确定每个时刻对应预报期的最优泄流。由于汛期每个时刻都要进行优化计算，为了降低计算量，DDS迭代最大搜索次数设置为1000；DDS能够快速收敛，并且在较小的搜索次数内可避免局部最优。

2.4 约束集合卡尔曼滤波

数据同化技术，如卡尔曼滤波（Kalman Filter，KF）、集合卡尔曼滤波（Ensemble Kalman Filter，EnKF）等，能够基于观测数据有效估计复杂系统的状态变量，降低复杂系统模型误差和观测误差。EnKF是一种顺序数据同化方法，结合了蒙特卡洛（Monte Carlo）和KF（Moradkhani et al.，2005），被广泛应用于水文学领域，如水文模型、洪水预报、地下水控制等。集合卡尔曼滤波包括两阶段：预测阶段和更新阶段。预测阶段可构建每个集合成员状态转移方程，通用状态转移方程为

$$x_{t+1|t}^{k}=f(x_{t|t}^{k},\theta)+\omega_{t}^{k},\quad \omega_{t}^{k}\sim N(0,W_{t}) \tag{2-14}$$

式中：$x_{t|t}^{k}$ 为集合成员 k 在 t 时刻更新后的系统状态变量$(n\times1)$；$x_{t+1|t}^{k}$ 为集合成员 k 在 $t+1$ 时刻的系统预报状态变量（$n\times1$）；θ 为系统参数（$l\times1$）；f 代表模型结构；ω_{t}^{k} 为集合成员 k 在 t 时刻的系统独立白噪声（$n\times1$），服从均值为0，方差为 W_{t} 的正态分布。

本章中河道型水库所有断面的水位均视为系统的状态变量，参数为糙率，预报阶段转移方程为

$$Z_{t+1|t}^{k}=f(Z_{t|t}^{k},n)+\omega_{t}^{k},\quad \omega_{t}^{k}\sim N(0,W_{t}) \tag{2-15}$$

式中：$Z_{t|t}^{k}$ 为集合成员 k 在 t 时刻的所有断面的更新水位；$Z_{t+1|t}^{k}$ 为集合成员 k 在 $t+1$ 时刻的所有断面的预测水位；n 为系统参数，即河道型水库河流的糙率；f 代表两阶段水库实时调度模型；系统独立白噪声协方差假设为0.5。

更新阶段的通用观测方程为

$$y_{t+1}^{k}=y_{t+1}+\nu_{t+1}^{k} \tag{2-16}$$

$$y_{t+1}^{k}=h(x_{t+1|t}^{k},\theta)+\nu_{t+1}^{k},\nu_{t+1}^{k}\sim N(0,V_{t+1}) \tag{2-17}$$

式中：y_{t+1}^{k} 为集合成员 k 在 $t+1$ 时刻的扰动后的系统观测变量（$m\times 1$），通过实际观测变量 y_{t+1} 加上观测误差 ν_{t+1}^{k} 获得；h 代表观测变量与预测变量的函数关系；观测误差 ν_{t+1}^{k} 为集合成员 k 在 t 时刻的观测独立白噪声（$m\times 1$），服从均值为0、方差为 V_{t+1} 的正态分布。

集合卡尔曼滤波的同化过程如下：

$$x_{t+1|t+1}^{k}=x_{t+1|t}^{k}+K_{t+1}[y_{t+1}^{k}-h(x_{t+1|t}^{k},\theta)] \tag{2-18}$$

式中：$x_{t+1|t+1}^{k}$ 为集合成员 k 在 $t+1$ 时刻更新后的系统状态变量（$n\times 1$）；K_{t+1} 为卡尔曼滤波增益矩阵（Moradkhani et al.，2005），可通过式（2-19）求得：

$$K_{t+1}=\sum_{t+1|t}^{xy}\left(\sum_{t+1|t}^{yy}+V_{t+1}\right)^{-1} \tag{2-19}$$

式中：$\sum_{t+1|t}^{xy}$ 为系统预报状态变量协方差矩阵；$\sum_{t+1|t}^{yy}$ 为观测变量误差协方差矩阵，分别可通过式（2-20）～式（2-21）求得：

$$\sum_{t+1|t}^{xy}=\frac{1}{N-1}X_{t+1|t}Y_{t+1|t}^{T} \tag{2-20}$$

$$\sum_{t+1|t}^{yy}=\frac{1}{N-1}Y_{t+1|t}Y_{t+1|t}^{T} \tag{2-21}$$

式中：$X_{t+1|t}=(x_{t+1|t}^{1}-\overline{x}_{t+1|t},\cdots,x_{t+1|t}^{N}-\overline{x}_{t+1|t})$，$Y_{t+1|t}=(y_{t+1|t}^{1}-\overline{y}_{t+1|t},\cdots,y_{t+1|t}^{N}-\overline{y}_{t+1|t})$；$y_{t+1|t}^{k}$ 为预报输出 $h(x_{t+1|t}^{k},\theta)$；$\overline{x}_{t+1|t}$ 为预测阶段预测状态变量集合的均值；$\overline{y}_{t+1|t}$ 为观测阶段观测值集合的均值；N 为集合大小；上标 T 表示为矩阵转置（邓超，2017）。

本章中，系统状态变量为河道型水库所有断面水位，观测变量是11个观测断面的水位，因此河道型水库所有断面的水位均能通过更新阶段的观测方程进行更新：

$$Z_{t+1|t+1}^{k}=Z_{t+1|t}^{k}+K_{t+1}[Z_{t+1}^{obs,k}-h(Z_{t+1|t}^{k})] \tag{2-22}$$

$$Z_{t+1}^{obs,k}=Z_{t+1}^{obs}+\nu_{t+1}^{k}, \quad \nu_{t+1}^{k}\sim N(0,V_{t+1}) \tag{2-23}$$

式中：$Z_{t+1|t+1}^{k}$ 为集合成员 k 在 $t+1$ 时刻更新后的所有断面水位；$Z_{t+1}^{obs,k}$ 为集合成员 k 在 $t+1$ 时刻扰动后的观测断面水位，通过观测断面的观测水位 Z_{t+1}^{obs} 加上观测误差 ν_{t+1}^{k} 获取；h 为观测函数；观测误差服从均值为 0，方差为 0.01 的正态分布。

以上介绍均为集合卡尔曼滤波在河道型水库实时优化调度中的应用。由于水库优化调度状态变量（水位）存在水位约束，为了防止预测阶段的系统预测状态变量和更新阶段的更新状态变量违反状态约束条件，引入了约束集合卡尔曼滤波方法（Pan and Wood，2006；Wang et al.，2009）。为了控制计算时间，本书选用约束集合卡尔曼滤波方法 CEnKF accept/reject 方法（Wang et al.，2009）处理预测阶段和更新阶段状态约束条件，用于水库闭环控制系统，框架图如图 2.4 所示。

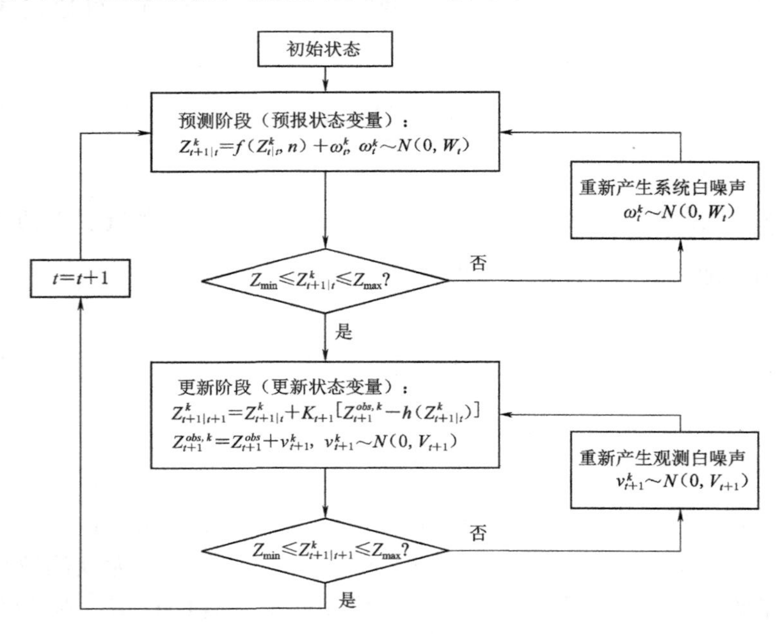

图 2.4 约束集合卡尔曼滤波方法框架图

约束集合卡尔曼滤波方法在预测阶段和更新阶段分别对每个集合成员状态变量进行检查。首先检查预测阶段的预测状态变量，如果所有集成成员预测状态变量都满足状态变量约束条件，则可直接进入更新阶段。如果某个集合成员的预测状态变量违反了状态变量约束条件，则拒绝该预测状态变量，需重新产生系统白噪声，再次进行系统转移方程计算，重新检查，直至所有集合成员的预测变量都符合状态变量约束条件。为了防止拒绝次数过多造成计算时间过长，设定了最大拒绝次数为 500。若达到最大拒绝次数时，集合成员的预测状态变量仍违反状态变量约束，则直接人为将状态变量设定为状态变量约束条件边界值。当预测阶段完成接受/拒绝检查后，所有符合状态变量约束条件的预测状态变量进入更新阶段。对更新状态变量进行检查，检查方法同预测阶段相同。若有更新状态变量违反状态变量约束条件，则拒绝后重新产生观测白噪声，再次进行数据同化更新阶段计算，直至所有更新状态变量满足状态变量约束条件。同理，最大拒绝次数设定为 500。

2.5 研究实例

三峡水库是典型的河道型水库，集雨面积为 100 万 km^2，水库防洪库容为 221.5 亿 m^3。三峡水库总长（从寸滩断面至坝址）658km，水库平均宽度仅 1.1km。图 2.5 展示了长江干流及三峡水库 11 个水库特征水位观测断面。由于三峡水库地形特点（窄长型水库），洪水波由水库库尾传播至水库坝址大概需要 24～36h，水库水面也呈现一定坡度，因此基于水量平衡公式和水位-库容曲线的水库静库容计算方法不适用于三峡水库汛期库容计算。汛期三峡水库洪水演进可看作一维非稳定流，汛期库容为动库容，选用一维动力学方法的数值方法进行求解计算。

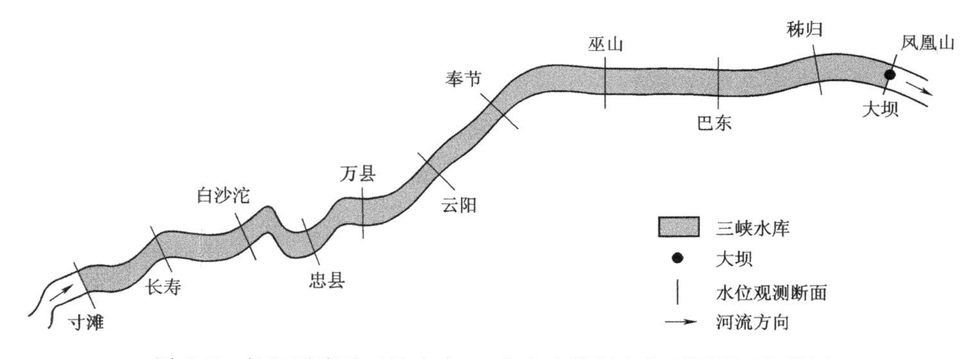

图 2.5　长江干流及三峡水库 11 个水库特征水位观测断面概化图

图 2.6 为三峡水库纵剖面示意图，三峡水库可划分为 296 个水库断

面，其中 11 个断面（寸滩、长寿、白沙沱、忠县、万县、云阳、奉节、巫山、巴东、秭归和凤凰山）有水位观测仪器（图 2.5 和图 2.6），可提供实时水位观测数据。三峡水库基本特征参数见表 2.1。

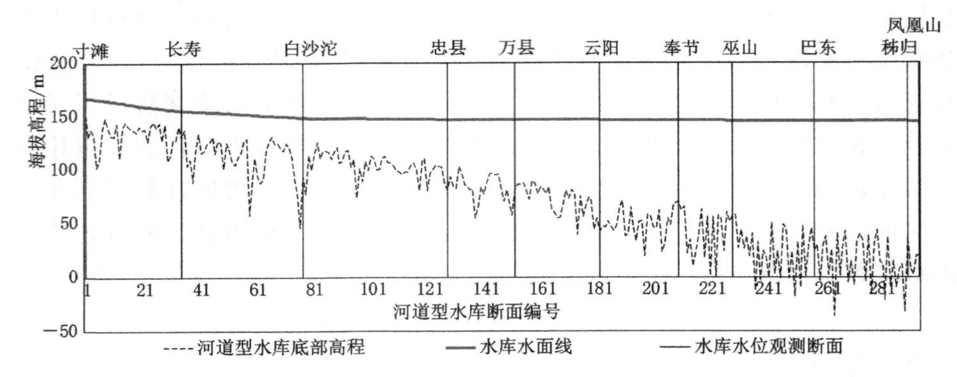

图 2.6 三峡水库纵剖面示意图

表 2.1 **三峡水库基本特征参数**

汛限水位/m	正常蓄水位/m	坝顶高程/m	防洪库容/亿 m^3	总库容/亿 m^3
145	175	185	221.5	393.0

三峡水库实时防洪优化调度选取两场不同量级的洪水（“小洪水”和“大洪水”）进行研究，时间步长为 1h。三峡水库 11 个观测断面给水库实时防洪优化调度闭环控制系统提供实时反馈。假设三峡水库下游安全流量大小与洪水量级有关，三峡水库下游对应小洪水的安全流量为 $29800m^3/s$，大洪水的安全流量为 $43300m^3/s$。

2.5.1 糙率参数率定

河道中糙率系数主要取决于天然河道形态和河道流量特征，主要反映了由于河道边缘粗糙和河道紊流湍急造成的能量损失。河道流量阻力越大说明糙率系数越大；反之，阻力越小说明糙率系数越小。确定糙率系数常用方法为基于历史流量和水位观测数据进行率定，糙率系数大小与河道地形和流量量级大小有关。本研究中三峡水库共有 11 个水位观测断面，因此选取 11 个水库水位观测断面对应的糙率系数作为一维水动力学模型参数，可根据 11 个断面水位观测数据率定模型参数，即 11 个观测断面河道糙率系数。三峡水库共划分为 296 个断面，其他断面糙率系数可通过 11 个观测断面处糙率系数进行线性插值。

由于河道糙率系数与流量量级有关，因此根据小洪水和大洪水水库水位观测数据分别率定11个观测断面糙率系数。率定方法选用约束集合卡尔曼滤波方法（Moradkhani et al.，2005），集合大小设定为1000。图2.7和图2.8分别展示了小洪水和大洪水中11个观测断面的糙率参数变化过程，集合均值在率定过程中趋于稳定，90%置信区间在率定过程中收敛并趋于稳定。小洪水和大洪水中11个观测断面河道糙率系数设定为最后20个时段集合均值的平均值，见表2.2。三峡水库其他沿程断面糙率系数通过距离线性插值确定，并将其作为已知参数输入到三峡水库两阶段实时优化调度模型。

表2.2　小洪水和大洪水中11个观测断面河道糙率系数

断面	寸滩	长寿	白沙沱	忠县	万县	云阳	奉节	巫山	巴东	秭归	凤凰山
小	0.0323	0.0445	0.0286	0.0318	0.0354	0.0320	0.0669	0.0692	0.0655	0.0492	0.0533
大	0.0334	0.0446	0.0294	0.0404	0.0400	0.0297	0.0710	0.0771	0.0631	0.0598	0.0499

2.5.2　调度过程对比

水库实时优化调度开环控制系统和闭环控制系统在小洪水和大洪水调度结果与历史实际调度结果对比见图2.9和图2.10。开环控制系统是传统两阶段滚动优化调度模型，而闭环控制系统通过数据同化考虑了实时水位观测数据的反馈作用。在水库实时调度决策者实际操作时，可能完全遵循、部分遵循或完全不遵循优化调度模型提供的最优泄流。为了简化比较，本节只展示了部分遵循最优泄流的闭环控制系统，即当水库库容不超过库容阈值（设定为228亿m^3）时，水库调度决策者可不遵循最优泄流，自行决定水库泄流；但库容一旦超过阈值，触发防洪风险时，则要求水库调度决策者遵循最优泄流以降低防洪风险。

如图2.9（a）～（c）所示，在小洪水第一个洪峰来临之前（前110个时段），开环控制系统的泄流大于历史实际泄流，但均低于最大允许泄流（29800m^3/s），说明以动用最大防洪库容最小为优化目标的开环控制系统在汛期会预泄，为未来可能发生的大洪水腾出防洪库容。然而，水库调度决策者在汛期不仅考虑防洪目标，还会考虑其他目标，如发电等。因此，水库调度决策者在汛末或防洪风险较小时，会降低泄流以增加库容，提高兴利效益。在91～121时段，由于水库最小允许库容和最小允许坝前水位约束条件限制，开环控制系统泄流存在一个快速下降的过程。但由于

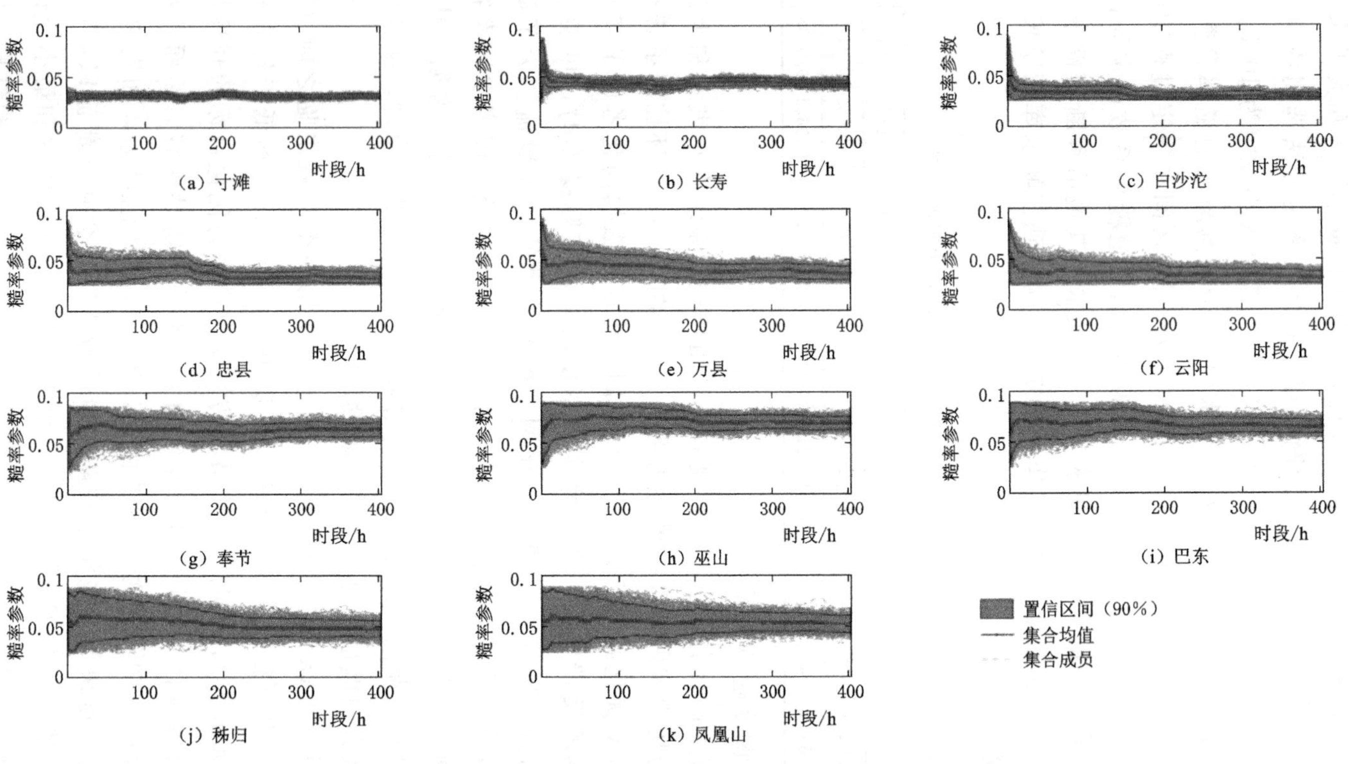

图2.7　小洪水中11个观测断面糙率参数的率定过程

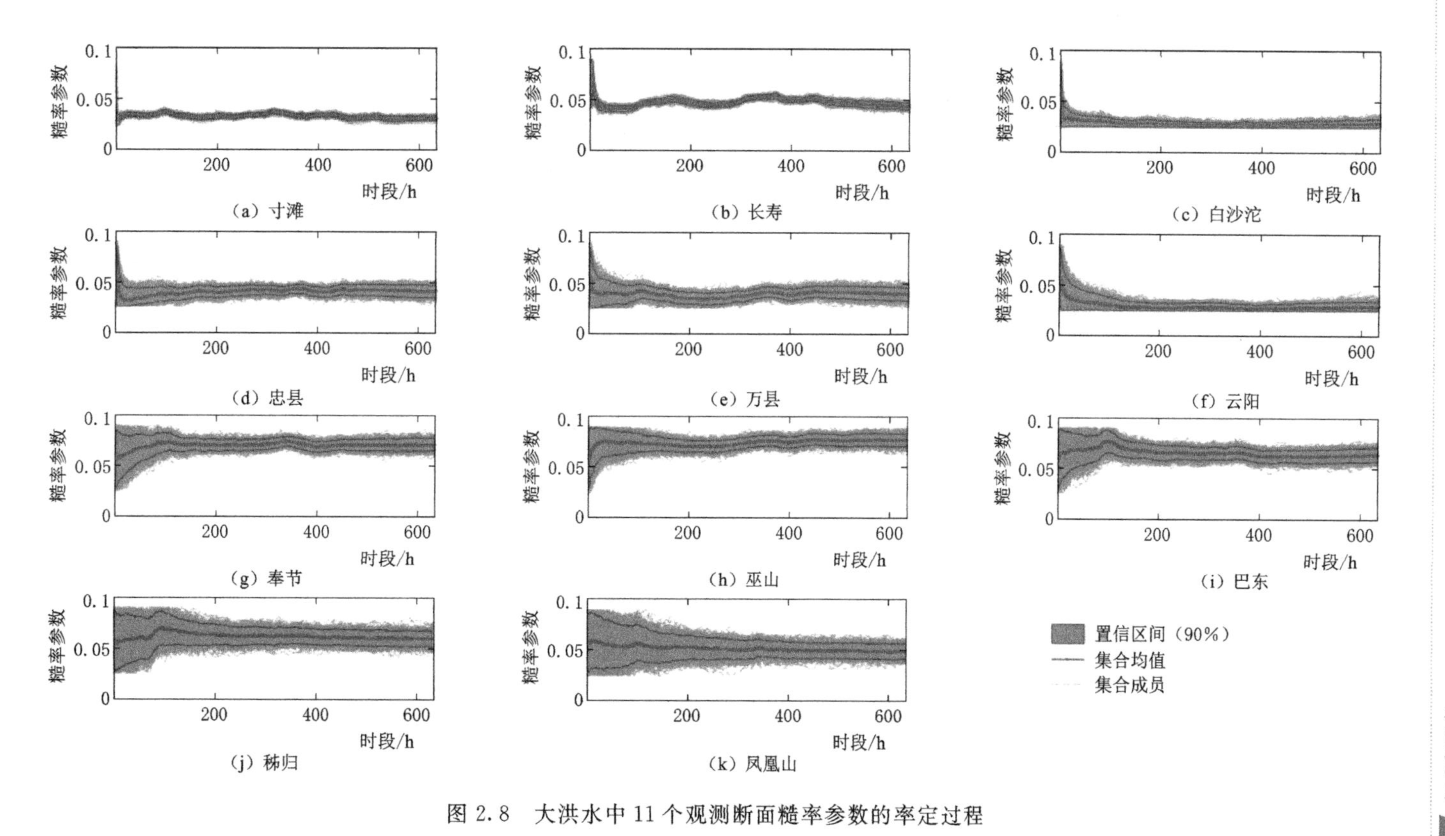

图 2.8 大洪水中 11 个观测断面糙率参数的率定过程

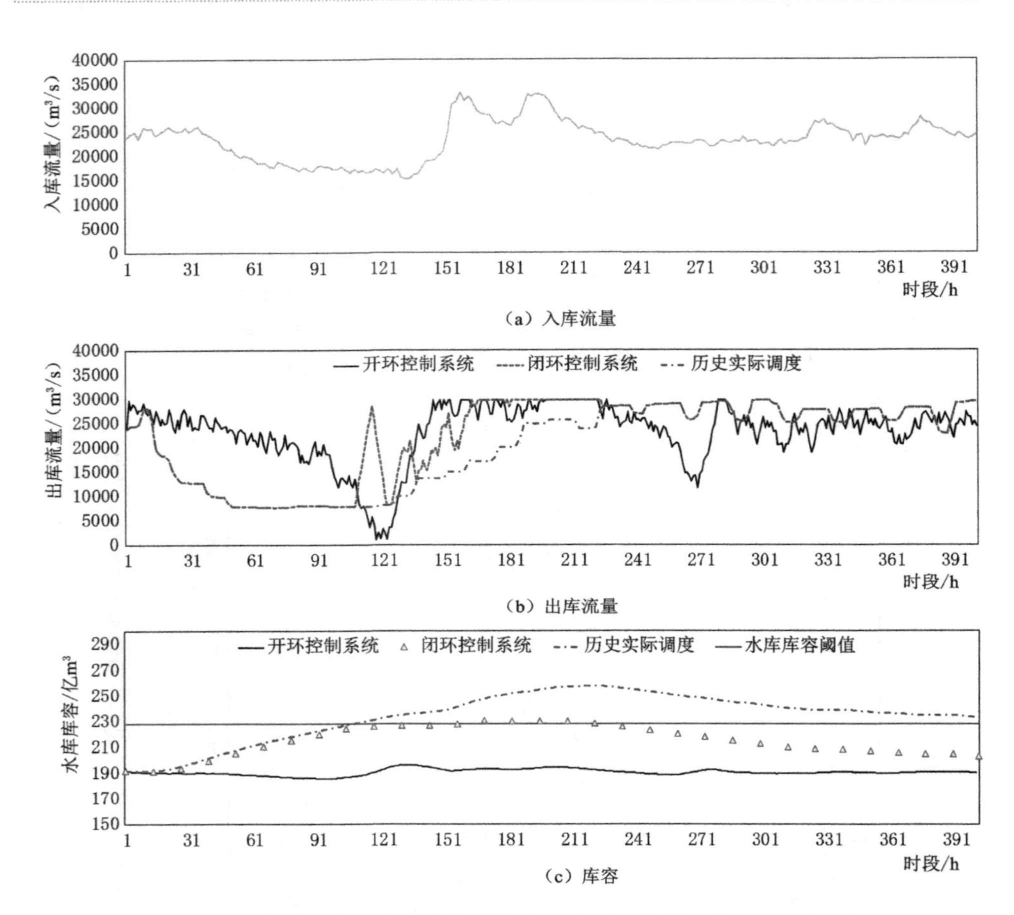

(a) 入库流量

(b) 出库流量

(c) 库容

图 2.9　小洪水中三峡水库实时优化调度开环控制系统和闭环控制系统调度结果与历史实际调度结果对比

洪峰，开环控制系统的泄流迅速上升并达到最大允许下泄流量。受 3d 入库流量预报的影响，开环控制系统对入库流量十分敏感，尤其是在洪峰阶段。然而，开环控制系统骤升骤降的泄流容易造成实际调度操作上的困难。

在实际防洪实时调度中，由于水库调度决策者对洪峰的敏感度小于开环控制系统，水库调度决策者逐步增加水库泄流。当水库库容超过库容阈值，触发防洪风险时，水库泄流进一步加大。在洪峰阶段，开环控制系统的泄流等于最大允许泄流。然而，由于水库入流较大，水库实际调度库容仍继续上升，超过库容阈值，造成了防洪风险。开环控制系统前期泄流较大，后期小泄流仍能控制库容不超过阈值。在汛末，实际调度泄流等于水库装机流量，无弃水。以上分析说明了水库调度决策者实际操作有两大特点：首先是水库调度决策者在小洪水期间存在防洪和发电目标之间的权衡，在汛末调度中会考虑提高兴利效益；其次是水库调度决策者在实际调度中由于水文预报的不确定性，可能会导致实际调度在泄流控制上的偏差，造成水库库容超出阈值。

当水库库容不超过阈值时，闭环控制系统泄流由水库调度决策者确定，与实际调度泄流保持一致，但闭环控制系统库容不完全等于历史实际调度库容，细微差别来源于模型误差。河道型水库模拟模型使用普列斯曼法（数值方法）进行求解时，存在模型误差。闭环控制系统的水库库容通过耦合实时水库水位观测数据来更新水库状态，降低模型误差。实际调度库容是一维水动力学模型模拟计算结果，未考虑实时观测数据的反馈作用。当闭环控制系统水库库容超过阈值时，假设水库调度决策者完全遵循最优泄流以降低防洪风险。由于防洪优化调度模型目标为最小化最大水库库容，最优泄流接近于最大允许泄流，水库调度决策者需要将实际泄流增加到最优泄流（最大允许泄流）。由于相邻时刻最大泄流差约束，导致闭环控制系统泄流出现一系列的小山峰，但仍能有效将水库库容降低到阈值。闭环控制系统的出库流量可再次由水库调度决策者自行决定，等于实际调度泄流。

如图 2.10（a）～（c）所示，此次大洪水有 3 个洪峰，在第一个洪峰来临前，开环控制系统泄流比历史实际调度泄流大，提前腾空防洪库容，因此开环控制系统水库库容低于历史实际库容。与小洪水中结果一致，由于最大允许库容和最小允许库容约束，开环控制系统在洪峰来临前出现泄流骤降。在大洪水期间，水库调度决策者首先会充分利用机组泄流，提高发电量。因此，在第一个洪峰之前，水库调度决策者将实际调度泄流增加至水库装机流量，以减小汛期弃水。尽管水库调度决策者对入库流量敏感性低于开环控制系统，但水库调度决策者仍可根据入库流量的变化确定相应泄流，控制水库实际调度库容不超过阈值。在第一个洪峰过后，历史实际调度泄流已逐步增加至最大允许泄流。然而，由于开环控制系统对入库流量的敏感性和优化算法的不确定性，泄流不平稳，导致开环控制系统库容在第二个洪峰来临前超过实际调度库容。在第二个洪峰期间，实际调度泄流和开环控制模型泄流均近似等于最大允许泄流量（$43300m^3/s$），水库库容均超过了阈值。第二个洪峰过后，开环控制系统保持最大允许泄流

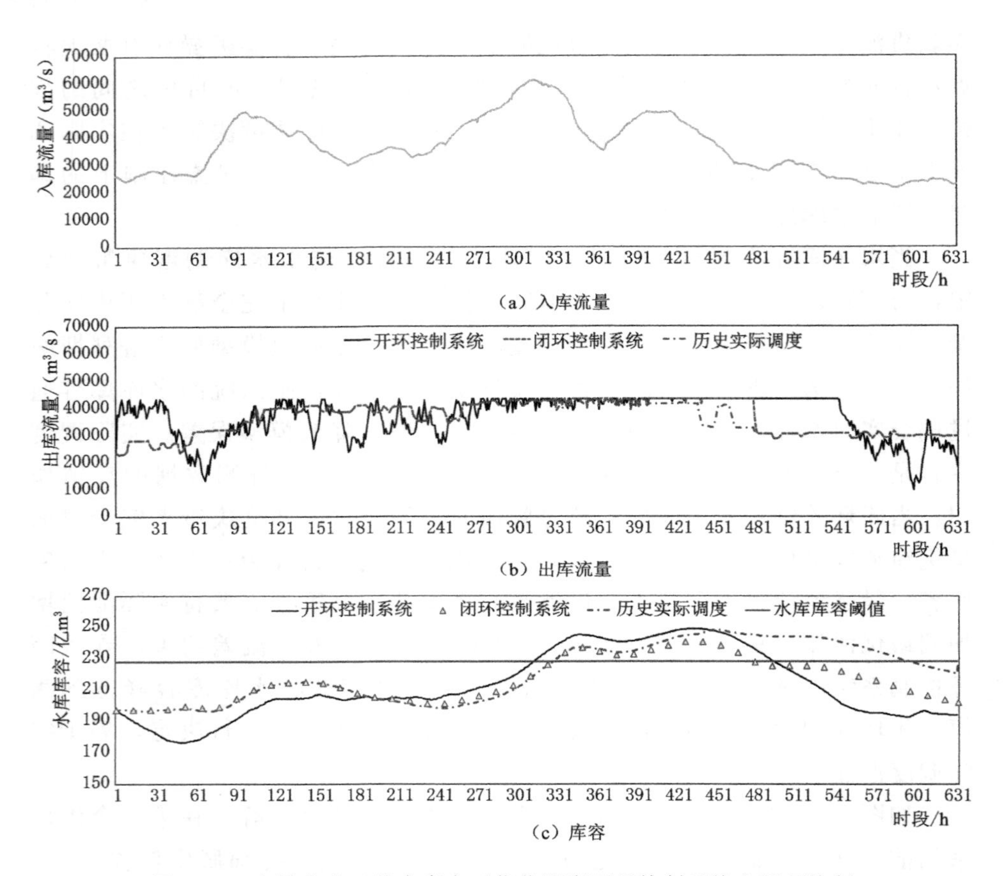

图 2.10 大洪水中三峡水库实时优化调度开环控制系统和闭环控制系统调度结果与历史实际调度结果对比

量，而实际调度为了减少弃水量，利用机组满发满泄，将泄流逐渐降低至水库装机流量。因此，开环控制系统库容超过阈值时段数少，而实际调度模型库容超过阈值时段数多。与小洪水相比，历史实际调度和开环控制系统在大洪水调度中对水库入库流量的泄流特点相似，均在一定程度上引发了防洪风险。但在大洪水调度中，水库决策者对入库流量敏感性低于开环控制系统，同时会结合后期预报综合考虑提高兴利效益。在第 330 时段之前，闭环控制系统的水库库容不超过库容阈值，闭环控制系统泄流等于历史实际调度泄流；而在第二个洪峰至第三个洪峰末端，闭环控制系统库容超过阈值，泄流等于防洪优化模型提供的最优泄流，但闭环控制系统的水库库容在 3 种情景中最小。在大洪水 3 个洪峰后，闭环控制系统泄流再次等于历史实际调度泄流，闭环控制系统库容比开环控制系统库容大，但比历史实际调度库容小，说明闭环控制系统能有效权衡防洪与发电目标。

3情景（历史实际调度、开环控制系统、闭环控制系统）在小洪水和大洪水调度中的最大水库泄流和最大水库库容对比见表2.3。3情景的最大水库泄流均一致，小洪水等于29800m^3/s，大洪水等于43300m^3/s。在小洪水中，开环控制系统最大库容最小，闭环控制系统水库最大库容处于开环控制系统和历史实际调度之间。然而，大洪水的结果与小洪水不同，开环控制系统的最大水库库容最小，而开环控制系统最大水库库容最大，稍稍超过历史实际调度。在小洪水调度中，如图2.9所示，历史实际调度由最小泄流增加到最大泄流需要110时段（第120～230时段），占据小洪水事件历时的28%；且最大泄流维持了170时段（第230～400时段），占据小洪水事件历时的43%。然而，在大洪水调度中，如图2.10所示，历史实际调度由最小泄流增加到最大泄流只需70时段（仅占大洪水时间长度的11%），维持最大泄流长达310时段（近似一半大洪水历时）。上述结果说明实际调度中水库调度决策者面对不同量级洪水有不同的调度决策行为。在小洪水调度中，水库调度决策者在防洪和发电的权衡中，较大程度考虑提高发电量。但在大洪水调度中，水库调度决策者在防洪调度中更保守，希望采取快速强劲的措施进行削峰，降低防洪风险。因此，水库调度决策者根据对洪水量级判断经验决定采取利用或防御的决策行为。实际调度中，可能涉及更长的水文预报信息，因而水库调度决策者可判断洪水量级；而开环控制模型调度每个调度时段只有3d水文预报，在大洪水调度中，3d水文预报长度较短，从而导致开环控制模型大洪水最大水库库容反而稍高于历史实际调度。闭环控制系统结合了历史实际调度中水库调度决策者的经验和开环控制系统中防洪优化调度模型削峰能力，因而在大洪水事件中，表现最优。

表2.3　3情景（历史实际调度、开环控制系统、闭环控制系统）在小洪水和大洪水调度中的最大水库泄流和最大水库库容对比

洪水类型	特征参数	历史实际调度	闭环控制系统	开环控制系统
小洪水	最大出库流量/(m^3/s)	29800	29800	29800
	最大水库库容/亿m^3	258.23	230.85	196.66
大洪水	最大出库流量/(m^3/s)	43300	43300	43300
	最大水库库容/亿m^3	247.99	240.14	248.57

2.5.3 防洪风险和兴利效益对比

将实际调度、开环控制系统和闭环控制系统在防洪风险和兴利效益方面进行比较。当水库库容超过库容阈值时，造成防洪风险，选定风险时段数和累计风险量两个指标衡量防洪风险大小。风险时段数是指水库库容超过库容阈值的总时段数；累计风险量是指在洪水事件中水库库容超过库容阈值的超出库容累积和。图2.11为3情景在小洪水和大洪水中防洪风险时段数和累计风险量对比图。

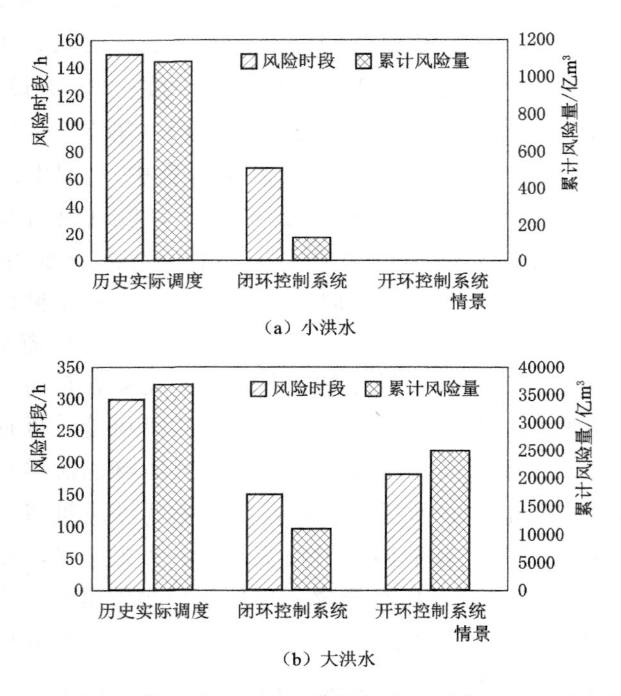

图2.11　3情景在小洪水和大洪水中防洪风险时段数和累计风险量对比图

对于小洪水，开环控制系统两个风险指标均为0，而闭环控制系统两个风险指标均小于历史实际调度，闭环控制系统能大幅度降低累计风险量。如图2.9所示，闭环控制系统的水库库容在有防洪风险时稍稍超出库容阈值。对于大洪水，历史实际调度两个防洪风险指标均最大，风险时段数为299h。闭环控制系统两个防洪风险指标比开环控制系统风险指标小，闭环控制系统风险时段数为181h。说明水库调度决策者在大洪水中的保守防御行为能够有效地降低防洪风险。因此，本书提出的闭环控制系统通过耦合水库调度决策者经验和防洪优化调度模型能有效降低防洪风险。

为了进一步比较3情景在兴利效益方面的表现，对3情景在小洪水和大洪水中汛期发电量进行了对比，如图2.12所示。由于小洪水和大洪水在量级上有差异，因此两场洪水的发电量分别用不同的纵坐标轴表示。与预期相同，由于开环控制系统只考虑防洪，开环控制系统在3情景中发电量最少。历史实际调度发电量（6078GW）在小洪水中低于闭环控制系统（6506GW），在大洪水中历史实际调度发电量（13847GW）高于闭环控制系统（13698GW）。原因在于发电量取决于水库泄流量和水头差，在小洪水实际调度中，水库调度决策者在第一个洪峰来临之前，在防洪效益的基础上，考虑降低泄流来提高水头差，主要体现为水头效益。闭环控制系统由于水库库容超过阈值，泄流加大，主要体现为水量效益。结果显示闭环控制系统的大泄流和大水头差对应的发电量多于历史实际调度。因此，水库调度决策者在小洪水中没有增加发电量，反而造成了较大的防洪风险，进一步说明了水库调度决策者需权衡不同时长范围内水头效益和水量效益的对比，需要通过更精细的优化调度模型和水文预报提高防洪和兴利效益。

对于大洪水，历史实际调度的发电量多于闭环控制系统。如图2.10所示，实际调度的水库库容在第二个洪峰后大于闭环控制系统。实际调度在水库泄流中更多考虑充分利用水库装机流量。闭环控制系统对水库入库流量的敏感性大于历史实际调度，在第三个洪峰阶段尽快腾空库容，导致水库泄流大于装机流量，从而产生了弃水，浪费了部分潜在发电量。闭环控制系统尽管发电量小，但较大降低了防洪风险（图2.11）。历史实际调度中发电量较多，但存在一定的防洪风险。

2.5.4 讨论

开环控制系统和闭环控制系统都是在洪水事件中给短期水库实时调度提供实时决策。闭环控制系统将开环控制系统中未完全考虑的水库调度决策者经验纳入实时决策考虑范围。另外，闭环控制系统另一个重要的特点是通过同化实时观测数据实时校正模型误差，而开环控制系统假设河道型水库模拟模型不存在模型误差，因此，闭环控制系统的实时决策不仅可考虑模型误差，还可考虑水库调度决策者调度偏好。

闭环控制系统中，考虑水库调度决策者3种不同遵循最优决策程度的情景，包括：完全遵循、部分遵循和完全不遵循。完全不遵循最优决策的

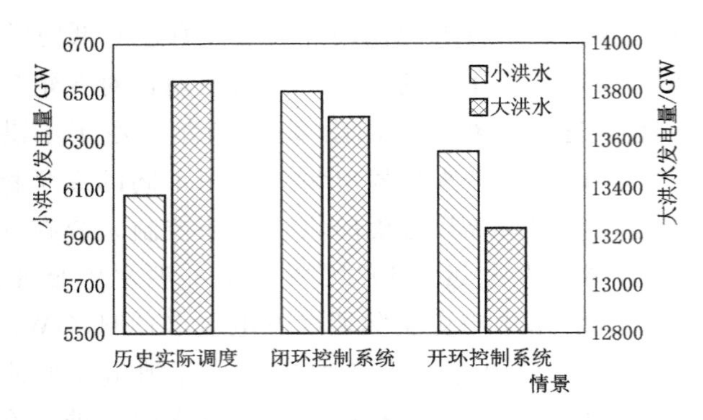

图 2.12　3 情景在小洪水和大洪水中汛期发电量对比图

闭环控制系统类似于历史实际调度，水库调度决策者可自行决定水库泄流，不考虑最优泄流的影响。完全遵循最优决策的闭环控制系统类似于开环控制系统，是一个完全服从最优泄流的自动控制情况。然而，完全不遵循最优决策和完全遵循最优决策的闭环控制系统不等同于历史实际调度和开环控制系统，区别在于闭环控制系统通过同化实时观测数据实时校正模型误差。部分遵循最优决策的闭环控制系统在前两部分已讨论过，是指当水库库容低于阈值时，水库调度决策者自行确定决策，当水库库容超过阈值时，完全遵循最优决策。水库实时调度闭环控制系统中 3 情景（完全遵循、部分遵循、完全不遵循）在大洪水中最优出库流量建议值对比如图 2.13 所示。完全不遵循最优决策的闭环控制系统对应的最优推荐决策最大。完全遵循最优决策的闭环控制系统在第 1～200 时段和第 550～630 时段中的最优推荐决策最小，对应图 2.10（c）中开环控制系统同期库容最小。部分遵循最优决策的闭环控制系统在第 200～330 时段中的最优决策最小，对应图 2.10（c）中闭环控制系统库容最小。结果说明水库库容越小则对应的最优泄流决策越小。因此遵循最优泄流决策程度越大可给水库防洪调度提供正反馈，使得防洪优化调度模型目标越优，水库库容越小。另外，在第 330～540 时段，3 情景的最优决策均等于最大允许泄流量，同时，同期水库库容均超过了库容阈值（见图 2.10），造成了防洪风险，说明防洪风险的出现可使得水库防洪优化调度模型提供最大的最优泄流决策。

图 2.14 展示了三峡水库在小洪水和大洪水中实际水库库容误差对比，误差来源于三峡水库一维水动力学模型。模拟值是直接通过一维水动力学

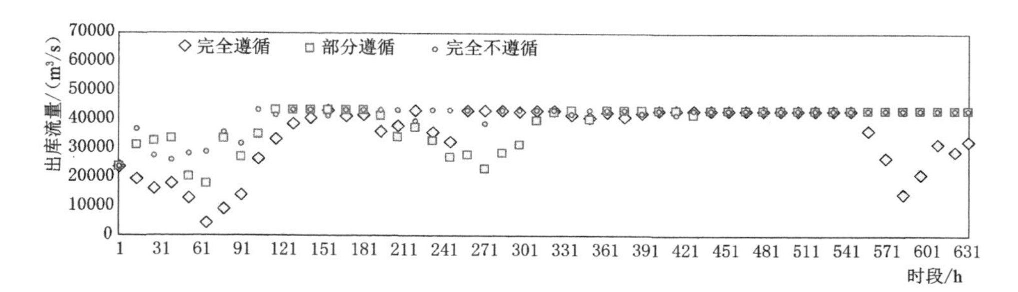

图 2.13 水库实时调度闭环控制系统中 3 情景（完全遵循、部分遵循、完全不遵循）在大洪水中最优出库流量建议值对比图

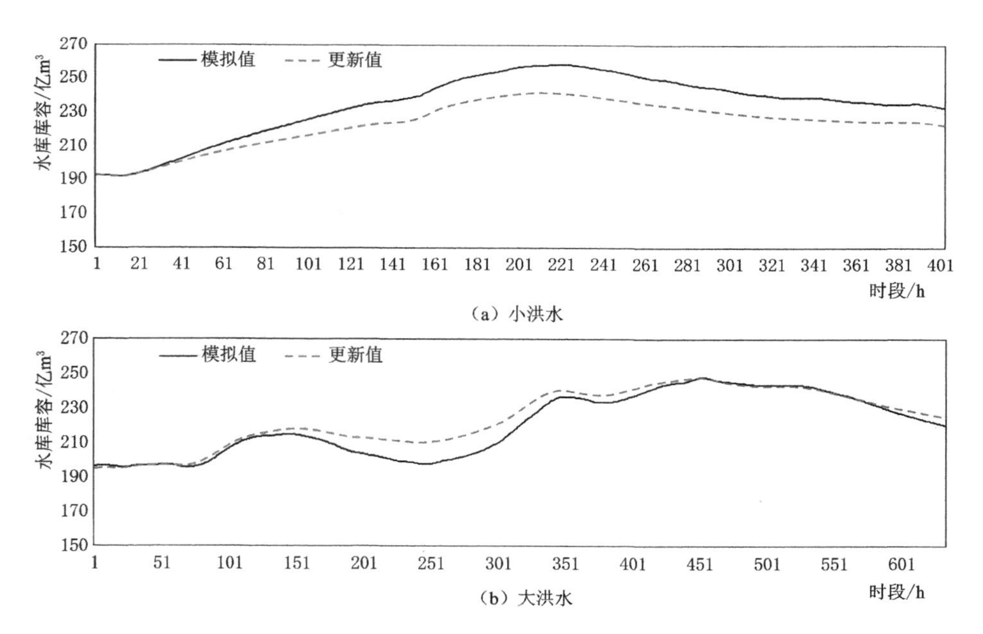

图 2.14 三峡水库在小洪水和大洪水中实际水库库容误差对比图

普列斯曼法计算得到的水库库容，更新值是指通过数据同化方法耦合实时水库水位观测数据更新的水库库容。如图 2.14（a）所示，在小洪水中，水库库容模拟值大于数据同化下的水库库容更新值，说明三峡水库模拟模型在小洪水中会高估水库库容。高估的水库库容会引导水库调度决策者更注重防洪以减少防洪风险，较少关注发电，对水库防洪有利，但降低了发电量。如图 2.14（b）所示，在大洪水中，水库库容模拟值小于数据同化下的水库库容更新值，说明三峡水库模拟模型在大洪水中会低估水库库

容，低估了水库防洪风险，对防洪不利。以上结果进一步证实了闭环控制系统在实时调度中的应用优势，可降低模型误差。

2.6 本章小结

本章主要将水库实时调度系统由传统开环控制系统发展为闭环控制系统。河道型水库沿程断面水位观测数据给水库实时调度模型提供实时反馈，实时校正模型误差和观测误差。选用三峡水库实时防洪调度问题作为研究实例，通过水库实时防洪调度3情景（历史实际调度、开环控制系统和闭环控制系统）比较，可得到以下结论：

（1）3情景中，历史实际调度在小洪水中最大水库库容（258.23亿 m^3）最大，发电量最小（6077GW）；大洪水最大水库库容（247.99亿 m^3）小于开环控制系统，发电量在3情景中最大（13847GW）。说明在历史实际调度中，水库调度决策者对不同量级洪水有不同的决策行为偏向：在小洪水事件中会在一定程度上考虑兴利效益，但由于缺乏优化决策引导，导致没有获得较大的兴利效益；在大洪水事件中行为保守，在降低防洪风险的前提下，可考虑提高兴利效益。

（2）开环控制系统假设优化调度模型能完全刻画水库调度决策者偏好，默认水库调度决策者完全服从最优出库流量，不存在决策行为偏差和模型误差，与水库实际实时调度决策有较大差别。因此，开环控制系统缺乏一定的实用性。

（3）闭环控制系统假设水库未触发防洪风险时，水库调度决策者可自行决定出库流量，但一旦触发防洪风险，则要求水库调度决策者完全服从最优出库流量，以降低防洪风险。因此闭环控制系统可结合水库调度决策者的经验和优化调度模型，在降低防洪风险的同时，提高兴利效益，容易被水库调度决策者所接受，更具实用性。

（4）闭环控制系统通过约束集合卡尔曼滤波方法耦合水库沿程断面实时水位观测数据，为闭环控制系统提供实时反馈，实时校正模型误差和观测误差，可提高实时调度的精度。

第 3 章

水库短期集合优化调度规则

3.1 引言

水库短期优化调度是实现水能资源高效利用的重要技术手段，通常采用优化方法求解水库确定性优化调度模型（目标函数和约束条件），获得水库优化调度最优泄流轨迹。常用的确定性优化调度模型求解方法有 DP、DDDP、POA 等，这些算法结构复杂、求解困难。因此对于水库短期优化调度问题，常采用优化算法（如 GA 等）提取水库短期优化调度规则（如线性函数、神经网络、模糊方法、决策树、调度图等）。但调度规则形式多样，不同形式各有优缺点，形式选取具有较大的人为主观性。

基于水库多种单一调度规则形式，本章旨在提取一种稳健的集合调度规则，研究水库调度规则形式的不确定性。以西江流域百色水库为研究对象，基于多种单一水库防洪调度规则，采用贝叶斯模型平均方法开展水库调度规则合成研究，为实际调度提供科学依据和技术支撑。贝叶斯模型平均方法（Bayesian Model Averaging，BMA）能够有效地降低模型的不确定性，得到较稳健的输出，被广泛用于水文集合预报。本章将 BMA 用于提取稳健的水库集合调度规则。贝叶斯模型平均（BMA）调度规则提取框架如图 3.1 所示，主要包括以下 3 大块：

（1）水库短期确定性优化调度模型的建立与求解。确定目标函数和约束条件后，采用简化二维动态规划方法（Simplified Two - Dimensional Dynamic Programming，TDDP）求解得到最优调度轨迹。

（2）3 种单一水库短期调度规则的提取。基于最优轨迹，采用隐随机

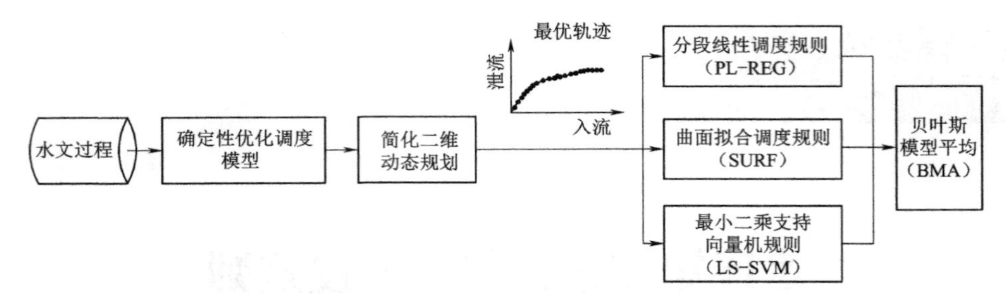

图 3.1 贝叶斯模型平均（BMA）调度规则提取框架图

优化方法分别提取 3 种单一水库短期调度规则，包括分段线性调度规则（Piecewise Linear Regression，PL－REG）、曲面拟合调度规则（Surface fitting，SURF）和最小二乘支持向量机规则（Least Square Support Vector Machine，LS－SVM）。

（3）基于 BMA 的集合调度规则的提取。基于 3 种单一水库短期调度规则，使用 BMA 分别计算 3 种单一水库短期调度规则的权重，再进行滚动模拟，从而可得到 BMA 合成调度规则及调度区间。

3.2 水库确定性优化调度

3.2.1 确定性优化调度模型

针对水库确定性防洪优化调度，本章采用最大防洪安全保证准则（下泄流量控制模式），在满足下游防洪控制断面安全泄量的条件下，尽可能地多下泄，留出更大的防洪库容，以备调蓄后续可能发生的大洪水，定义目标函数为

$$Z_m^* \Leftrightarrow Vf_{\min} = \min\left\{\sum_{t=1}^{T}\{V(t) + [I(t) - R(t)]\Delta t\}^2\right\} \tag{3-1}$$

式中：$V(t)$ 为 t 时刻水库库容；Z_m^* 为水库调度时段内最高水位的最小值；$I(t)$ 为 t 时刻水库入库流量；$R(t)$ 为 t 时刻水库出库流量；Δt 为计算时段长度；T 为总调度时段数。

约束条件包括水量平衡约束、水库库容约束、下游河道安全泄量约束、水库泄流能力约束、泄量变幅约束，以及河道汇流约束（Hsu and Wei，2007；Zhou and Guo，2013）：

$$\frac{I(t)+I(t+1)}{2}\Delta t-\frac{R(t)+R(t+1)}{2}\Delta t=V(t+1)-V(t) \quad (3-2)$$

$$V_{min}\leqslant V(t)\leqslant V_{max} \quad (3-3)$$

$$Q_z(t)+I_{in}(t)\leqslant Q_S \quad (3-4)$$

$$R(t)\leqslant R_{max}(t) \quad (3-5)$$

$$|R(t)-R(t+1)|\leqslant \nabla R \quad (3-6)$$

$$Q_z(t)=C_0R(t)+C_1R(t-1)+C_2Q_z(t-1) \quad (3-7)$$

式中：V_{min} 为水库死库容；V_{max} 为水库总库容；$Q_z(t)$ 为 t 时刻水库出流演算至下游防洪控制点的流量；$I_{in}(t)$ 为 t 时刻区间入流；Q_S 为保证下游防洪控制点安全流量；$R_{max}(t)$ 为 t 时刻水库的下泄能力；$R(t)$ 为水库水位函数；$|R(t)-R(t+1)|$ 为水库相邻时段下泄流量的变幅；∇R 为泄量变幅容许值；C_0、C_1、C_2 为马斯京根法洪水演进参数。

采用马斯京根法（Gill，1984；Gill，1992）进行洪水演算时，由于防洪控制点的流量不仅与上游水库当前时刻出库流量有关，还和水库前 N 时段的出库流量有关，导致模型不满足无后效性要求，因此采用简化二维动态规划方法（梅亚东，1999）进行求解。

3.2.2 简化二维动态规划方法

简化二维动态规划与动态规划相似，从系统状态转移角度，给定系统初始状态 S_n（水库蓄水量或水位）和当前系统决策 d_n（水库泄流量），系统下一个时刻状态 S_{n+1} 并不能唯一由 S_n 和 d_n 确定，可表示为

$$S_{n+1}=F(S_n,d_n,d_{n-1},\cdots,d_{n+1-m}),(n\geqslant m) \quad (3-8)$$

为了满足动态规划递推的无后效性要求，将 d_n，d_{n-1}，…，d_{n+1-m} 视为状态变量，形成新的状态变量 $S_n^*=(S_n,d_n,d_{n-1},\cdots,d_{n+1-m})$，有 $S_{n+1}=f(S_n^*,d_n)$，但这种处理方式易导致维数灾，不能直接求解。

简化二维动态规划方法是根据动态规划方法递推计算的结果，即系统默认初始状态 S_0 到 S_n 中间存在的唯一一条最优轨迹，以及相应的最优策略 $\{d_{n-1}^*,d_{n-2}^*,\cdots,d_1^*\}$。将前 n 个状态的最优策略看作状态一，当前决策 d_n 看作状态二，因此可以看作简化二维动态规划，具体示意图见图 3.2。这种处理可以降低复杂度，提高精度，关系表达为

$$S_{n+1}=f(S_n^*,d_n) \tag{3-9}$$

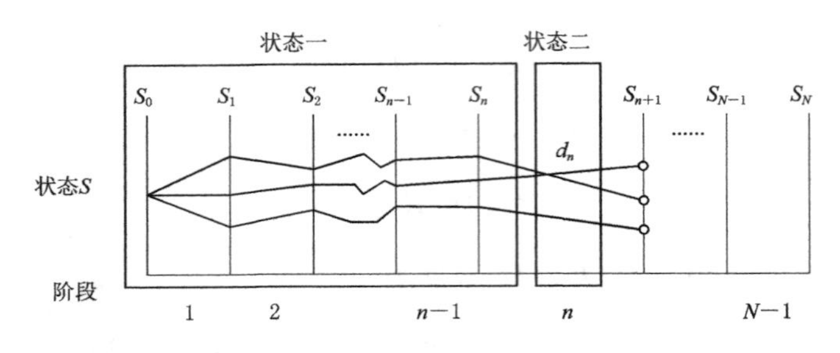

图 3.2 简化二维动态规划示意图

简化二维动态规划算法中，边界条件固定为水库的始、末状态量，时段为阶段变量，水库水位为状态变量，水库泄流量为决策变量，对每个时段的水库水位进行离散。为实现预泄目的，初始水位设定低于汛限水位，末水位设定为汛限水位。给定水库水位的离散步长，当离散步长设置足够小时，可近似得到出库流量最优轨迹。顺时序计算调度过程，逆时序确定最优泄流轨迹，输出确定性优化调度出库流量最优轨迹。求解过程的详细步骤如下：

(1) 设定惩罚参数 a、B，根据水库库容曲线得到初始库容与终止库容，分别为 $V(1)=V_c$，$V(T)=V_m$。

(2) 第一阶段：将初始水位至防洪高水位进行离散，根据各种约束条件依次计算第 i（$i=1$，…，N）个状态水位对应的时段平均泄流量和水库库容。

(3) 任一阶段 t（$t=2$，…，$T-2$）：利用简化二维动态规划思想，将前 $n-1$ 阶段最优轨迹与当前阶段决策组合，形成二维状态变量，再计算 $T-3$ 个阶段对应时段平均出流量和水库库容，以动用的防洪库容最小为优化目标进行递推计算。

(4) 末阶段：给定水库末水位约束，第 $T-1$ 阶段水库水位进行离散后对应的时段平均泄流量和水库库容，与末阶段结合，以动用的防洪库容最小为目标值找出第 $T-1$ 阶段对应的最优水库水位，再回代计算，可以依次递推出惩罚参数 a，B 下的最优水库流量过程。

(5) 根据水库最优库容过程可以计算出每个阶段的最优水库水位，并统计计算水库出库流量最优轨迹。

3.3 单一调度规则模型

3.3.1 分段线性调度规则

分段线性调度规则是指对水库的最优出库流量和预报库容两个变量进行的拟合优化，预报库容是指当前库容加上预报 k 个时段的入库流量，计算如式（3－10）～式（3－11）所示：

$$\widetilde{R}_1(t)=aV^*(t)+b \tag{3-10}$$

$$V^*(t)=V(t)+\Delta t\sum_{i=t}^{t+k}I(i) \tag{3-11}$$

分段线性调度规则的提取包括两个步骤：拟合（Liu et al.，2014）和优化（Koutsoyiannis and Economou，2003）（图 3.3）。首先基于确定性优化调度模型最优轨迹，得到预报库容和出库流量，拟合确定预报库容和出库流量分段线性相关函数初始参数值。再通过优化算法［复兴调优法（王安宝等，1997）］进一步优化确定最优参数。最后通过检验期来评判优化后的调度函数（Oliveira and Loucks，1997）。

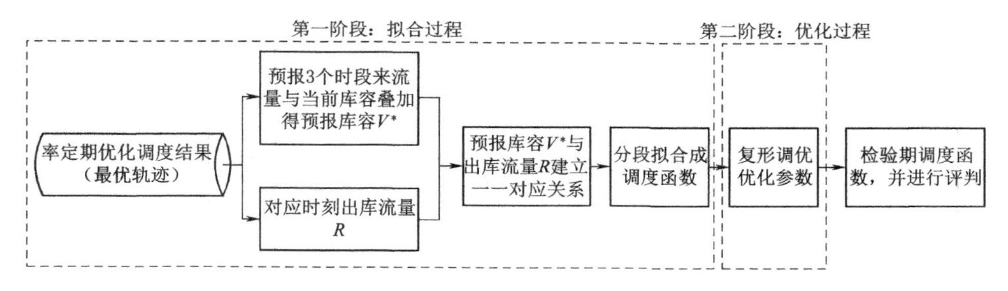

图 3.3　分段线性拟合规则提取框架图

3.3.2 曲面拟合调度规则

分段线性规则是二维调度规则，将入库流量和当前库容进行了转化，确定预报库容和出库流量两者关系。对于曲面拟合调度规则，则需确定入库流量、当前库容和出库流量三者关系（Celeste and Billib，2009）。基于确定性优化调度模型最优轨迹，得到入库流量、当前库容和出库流量三类数据，然后通过 Matlab 里面的 Sftool 工具包进行拟合，得到较优的曲面规则（图 3.4），公式见式（3－12）～式（3－13）：

$$\widetilde{R}_2(t)=f[I^*(t),V(t)] \tag{3-12}$$

$$I^*(t)=\sum_{i=t}^{t+k} I(i) \tag{3-13}$$

式中：$I^*(t)$ 为预报 k 时段的入库流量总和。

由于曲面规则较复杂，难以用简单的显式方程来表示，故曲面规则参数不再另外进行优化。

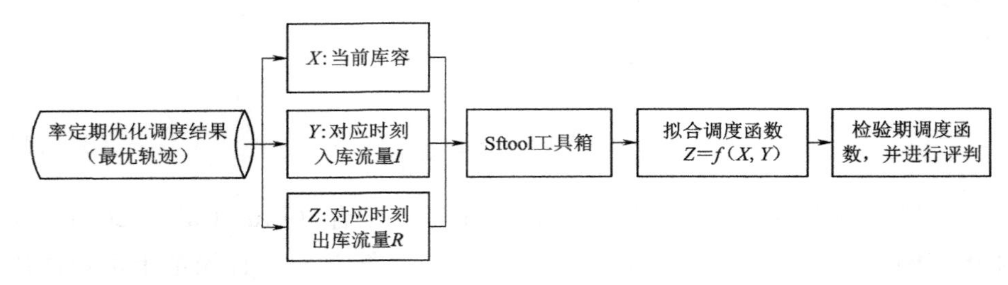

图 3.4　曲面拟合调度规则提取框架图

3.3.3　最小二乘支持向量机规则

支持向量机（Support Vector Machines，SVM）是专门针对小样本学习问题提出的。理论上来说，是将最优分类问题转化为求解二次凸规划问题，可计算得到全局最优解，解决局部极值问题。从技术上来说，是采用核函数解决维数问题，非常适合处理非线性问题。常用的核函数包括线性核函数、多项式核函数、径向基核函数、Fourier 核函数等。在实际应用中，可优先考虑以 σ 为参数的 Gaussian 径向基函数，其表达形式为

$$K(x,x')=\exp(-\|x-x'\|^2/\sigma^2) \tag{3-14}$$

Suykens 和 Vandewalle（1999）提出了一种新型支持向量机，最小二乘支持向量机（LS－SVM），主要通过二次规划方法估计函数。与传统支持向量机不同，LS－SVM 通过在优化目标中设置不同的损失函数，即误差 ξ_i（允许错分的松弛变量）的二范数（郭生练等，2015），将优化问题转化为式（3－15）：

$$\min_{w,b,\xi}\frac{1}{2}\|w\|^2+C\,\frac{1}{2}\sum_{i=1}^{l}\xi_i^2 \tag{3-15}$$

约束条件为

$$y_i-w\phi(x_i)=b+\xi_i,i=1,2,\cdots,l \tag{3-16}$$

其对偶问题为

$$\max_{a,a^*} L_D = -\frac{1}{2}\sum_{i=1}\sum_{j=1} a_i y_i y_j K(x_i, x_j) a_j + \sum_{i=1}^{l} a_i \tag{3-17}$$

约束条件为

$$\sum_{i=1}^{l} a_i y_i = 0 (0 \leqslant a_i \leqslant C, i = 1, 2, \cdots, l) \tag{3-18}$$

式中：a_i 为 Lagrange 乘子。

最小二乘支持向量机输入包括 k 个时段的入库流量、当前库容，可通过确定性优化调度模型最优轨迹率定相应参数，同时通过交叉验证和网格搜索得到最优值。均方根误差（Root Mean Square Error，RMSE）和正态均方根误差（Normalized Root Mean Square Deviation，NRMSD）是 LS-SVM 调度函数评价指标，同时也是其他调度函数的评价指标。

3.4 集合调度规则

贝叶斯模型平均方法（BMA）是一种利用多模型集合进行概率综合的方法，用来探究模型的不确定性，常被用于水文集合预报。针对水库中长期优化调度规则形式的不确定性，使用 BMA 提取稳健的水库集合调度规则，BMA 基于先验概率，通过全概率计算公式描述各模型后验概率分布，后验概率被用于筛选模型为最优轨迹成员概率。全概率计算公式如式（3-19）所示：

$$p(\widetilde{R}_k) = \sum_{k=1}^{K} [p(\widetilde{R}_k \mid f_k) p(f_k \mid R)], \quad f = \{f_1, \cdots, f_k\} \tag{3-19}$$

式中：$\widetilde{R}_k$ 为单一水库调度规则 f_k 出库流量模拟值；R 为确定性优化调度模型对应的最优出库流量轨迹；$f=\{f_1, \cdots\cdots, f_k\}$ 代表了 k 种单一水库调度规则集合；$p(\widetilde{R}_k \mid f_k)$为表示给定单一水库调度规则 f_k 后，发生最优调度决策的概率，为先验概率；$p(f_k \mid R)$为各单一水库调度规则 f_k 的后验概率，即单一水库调度规则权重 w_k，其中水库调度规则出库流量愈接近最优轨迹，该水库调度规则的权重就愈大，$w_k > 0$ 且 $\sum_{k=1}^{K} w_k = 1$。BMA 调度规则的出库流量 $\widetilde{R}_k$ 可通过单一水库调度规则确定的出库流量和相应的权重，以及确定性优化调度模型确定的最优轨迹共同确定，计算如式（3-20）所示：

$$E[\widetilde{R}_k \mid R]=\sum_{k=1}^{K} w_k \widetilde{R}_k \tag{3-20}$$

BMA权重和不确定性区间的确定方法有多种，例如，期望最大化算法（Expectation Maximum，EM）、马尔科夫蒙特卡洛方法（Markov Chain Monte Carlo，MCMC）等。本书采用EM估计BMA模型参数和水库出库流量不确定性区间，从而得到BMA综合调度规则对应的水库调度决策区间。

3.5 研究实例

百色水库位于广西壮族自治区郁江流域，下游田东为防洪控制点，百色水库特征值见表3.1。百色水库防洪调度对广西壮族自治区南宁市防洪安全具有决定性的作用，因此选取百色水库作为3种单一水库防洪调度规则PL-REG、SURF、LS-SVM和BMA防洪集合调度规则的研究对象。百色水库选取1962—2005年中15场典型洪水（12h为时间步长）（Yue等，2002），10年对应的场次洪水选为率定期（1970年，1974年，1976年，1978年，1983年，1988年，1994年，1996年，1998年，2001年），5年对应的场次洪水选为检验期（1962年，1966年，1968年，2002年，2005年），后文均通过年份代表相应场次洪水。下游防洪安全控制断面田东的安全泄量为4310m³/s。

表3.1　　百色水库特征值

汛限水位/m	正常蓄水位/m	设计洪水位/m	校核洪水位/m	防洪库容/亿m³	总库容/亿m³
214.00	228.00	229.63	231.27	16.4	56.6

常规调度规则（Conventional Operating Rules，COR）来自广西水利电力勘测设计研究院（李传科，2007），百色水库主汛期（5.20—8.10）防洪调度规则见表3.2。百色水库常规调度出库流量主要取决于南宁和崇左断面流量及变化趋势。已知百色水库入库流量，根据主汛期、非主汛期的防洪调度规则可进行水库常规调度。

表 3.2　百色水库主汛期（5.20—8.10）防洪调度规则　单位：m^3/s

判断条件	控泄条件	控泄流量
左江崇左、南宁涨水趋势	$Q_{崇左} \leqslant 6000$	3000
	$Q_{崇左} > 6000$，且前 12h 涨率 > 1000	1000
	$Q_{南宁} > 13900$，且崇左前 12h 涨率 > 2000	500
	$Q_{崇左} > 7800$，且崇左前 12h 涨率 > 3000，或南宁 24h 涨率 > 2500	1000
	其他情况	2000
左江崇左、南宁退水趋势	$Q_{崇左} \geqslant 7800$	1500
	$Q_{南宁} > 12000$	2300
	其他情况	3000
库水位 $\geqslant$ 228m		敞泄

基于常规调度规则，对 15 年典型洪水进行常规防洪调度模拟计算。百色水库 2001 年典型洪水调洪演算后最大水位是 221.94m，下游田东防洪控制断面最大流量为 4170m^3/s。1968 年和 2002 年典型洪水对应的下游田东防洪控制断面的最大流量达到了 4330m^3/s 和 5010m^3/s，均超过了安全流量（4310m^3/s）。15 场典型洪水常规调度平均最大水位为 215.02m，下游防洪控制断面平均最大流量为 3120m^3/s。

确定性优化调度模型可通过简化二维动态规划方法进行求解，可以有效处理马斯京根法洪水演进的滞时后效性问题，得到最优调度轨迹。2001 年典型洪水百色水库最大水位高达 218.14m，下游安全控制断面田东最大流量为 4310m^3/s。基于 15 场典型洪水，水库确定性优化调度的平均最大水位为 214.29m，下游防洪控制断面平均最大流量为 3190m^3/s。

3.5.1　水库调度规则对比

3.5.1.1　分段线性调度规则

基于确定性优化调度最优轨迹预报库容和最优出库的散点图，进行分段拟合。预报库容是指当前库容加上两时段的预报入库流量（24h），本书中用历史径流代替入库流量预报，暂不考虑预报误差。分段拟合参数通过复形调优方法进一步进行优化，如图 3.5 所示为 PL-REG 优化调度规则和最优轨迹散点图，转折点为（$3.17\times10^9 m^3$，1962.69m^3/s），则 PL-REG 调度规则为

$$R_1(t)=\begin{cases}8019.8\times V^*(t)+23448.02 & V^*(t)\leqslant 3.17\\ 585.0\times V^*(t)+109.12 & V^*(t)>3.17\end{cases}\tag{3-21}$$

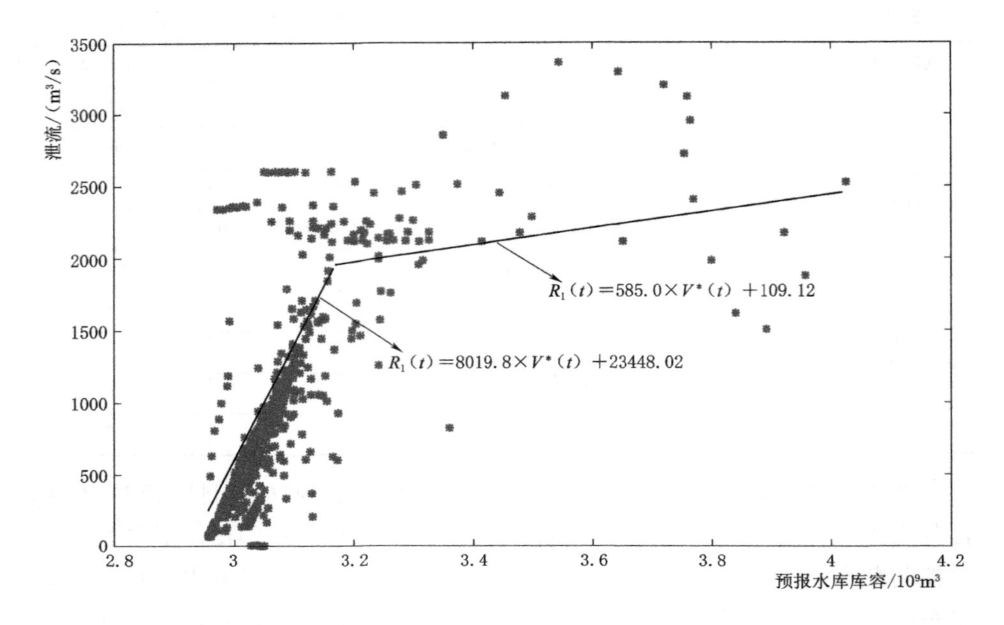

图 3.5 PL-REG 优化调度规则和最优轨迹散点图

3.5.1.2 曲面拟合调度规则

将最优轨迹的预报入库流量（24h）、当前水库库容和最优出库流量三系列数据描绘在三维网格中，通过 Matlab 里面的 Sftool 工具箱进行曲面拟合，得到 SURF 调度规则，如图 3.6 所示，拟合精度 R^2 为 0.70。

3.5.1.3 最小二乘支持向量机规则

基于最优轨迹，LS-SVM 的训练集定义为$\{I(t),\cdots,I(t+k),V(t);R(t)\}_{t=1}^{T}$。基于指数函数的 LS-SVM 参数网格搜索（如图 3.7 所示）被用来搜索最优参数 C，σ，参数区间为［e^{-5}，e^{5}］，变化步长为 1.0。因此，每个参数均有 11 种可能，则一共有 121 种可能性。

为了降低数据随机性带来的偏差，通过交叉验证方法训练 LS-SVM，15 年典型洪水数据被分为 3 个子集 D_1，D_2，D_3，分别对应 1962—1974 年，1976—1994 年，1996—2005 年。每个子集都分别选为检验期进行检验，则率定期为 D/D_t，$t\in\{1,2,3\}$。RMSE 和 NRMSD 用于评价拟合效果，交叉验证检验期结果见表 3.3，发现对于不同的子集，得到的最优参数是一样的，均为 $C=148.41$，$\sigma=1$。

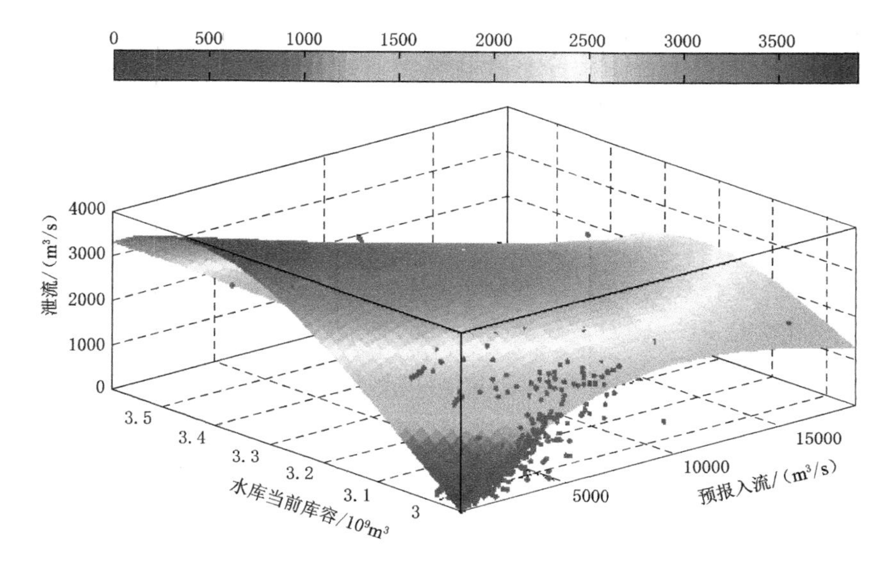

图 3.6 SURF 调度规则和最优轨迹散点图

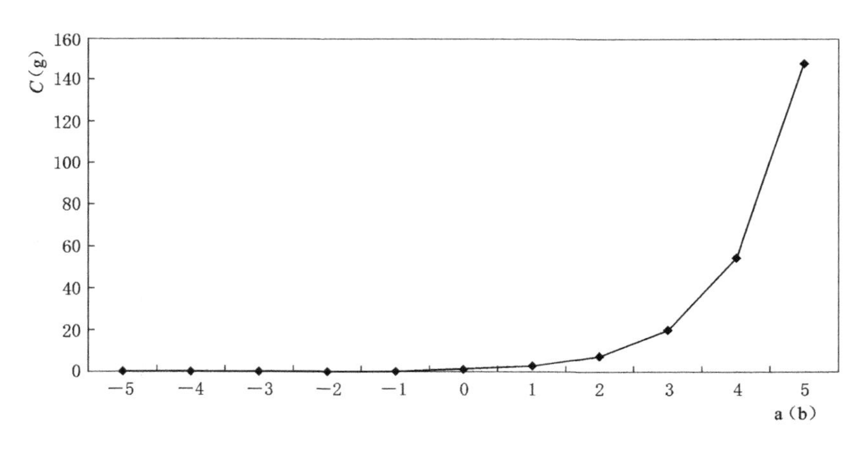

图 3.7 基于指数函数的 LS-SVM 参数网格搜索

表 3.3 **交叉验证检验期结果**

训 练 集	检验集	RMSE/(m^3/s)	NRMSD/%	C	σ
1962—1974 年，1976—1994 年	1996—2005 年	173.98	5.2	148.41	1
1976—1994 年，1996—2005 年	1962—1974 年	196.43	5.9	148.41	1
1962—1974 年，1996—2005 年	1976—1994 年	227.02	6.8	148.41	1
平 均		199.14	5.9	148.41	1

3.5.1.4 贝叶斯模型平均集合调度规则

基于3种单一调度规则和最优轨迹，通过BMA可确定3种单一调度规则的权重，见表3.4。权重代表了单一模型的出库流量接近于最优轨迹的程度。表3.5展示了常规调度、3种单一调度规则和BMA调度规则相较于确定性优化调度最优轨迹偏差。从表3.5中可看出，3种单一的水库调度规则权重顺序和偏差顺序是一致的。3种单一的水库调度规则中，LS-SVM表现最优，具有最大权重（0.7913）和最小偏差（152.385m^3/s和3.7%）；其次是PL-REG，权重为0.1259；最后是SURF，权重为0.0828。

表3.4 3种单一调度规则的权重

模型	PL-REG	SUEF	LS-SVM
权重	0.1259	0.0828	0.7913

表3.5 常规调度、三种单一调度规则和BMA调度规则相较于确定性优化调度最优轨迹偏差

模型	COR	PL-REG	SURF	LS-SVM	BMA
RMSE/(m^3/s)	353.078	187.980	249.087	152.385	119.741
NRMSD/%	12.2	8.9	7.5	3.7	4.2

3.5.2 拟合度比较

3种单一水库调度规则（PL-REG、SURF、LS-SVM）和BMA调度规则出库流量与确定性优化调度出库流量最优轨迹拟合如图3.8所示。横坐标为出库流量最优轨迹，子图纵坐标依次对应PL-REG、SURF、LS-SVM和BMA规则出库流量。由图3.8（a）可看出，PL-REG调度规则出库流量普遍高于最优轨迹出库流量，说明PL-REG调度规则在参数优化过程中存在系统偏差。由图3.8（b）可看出，SURF调度规则出库流量较大时拟合效果较差，说明SURF调度规则在大流量时表现不好。其他两个子图3.8（c）和图3.8（d）中散点均匀分布在45°斜线两侧。根据表3.5可知，BMA调度规则出库流量与最优流量轨迹偏差（RMSE和NRMSD）最小，表现最优，其次是LS-SVM。

3.5.3 百色水库调度过程

百色水库基于3种单一水库调度规则和BMA调度规则率定期和检验期调度模拟结果分别与常规调度和确定性优化调度进行比较。表3.6和表3.7分别展示了COR、TDDP、PL-REG、SURF、LS-SVM、BMA水

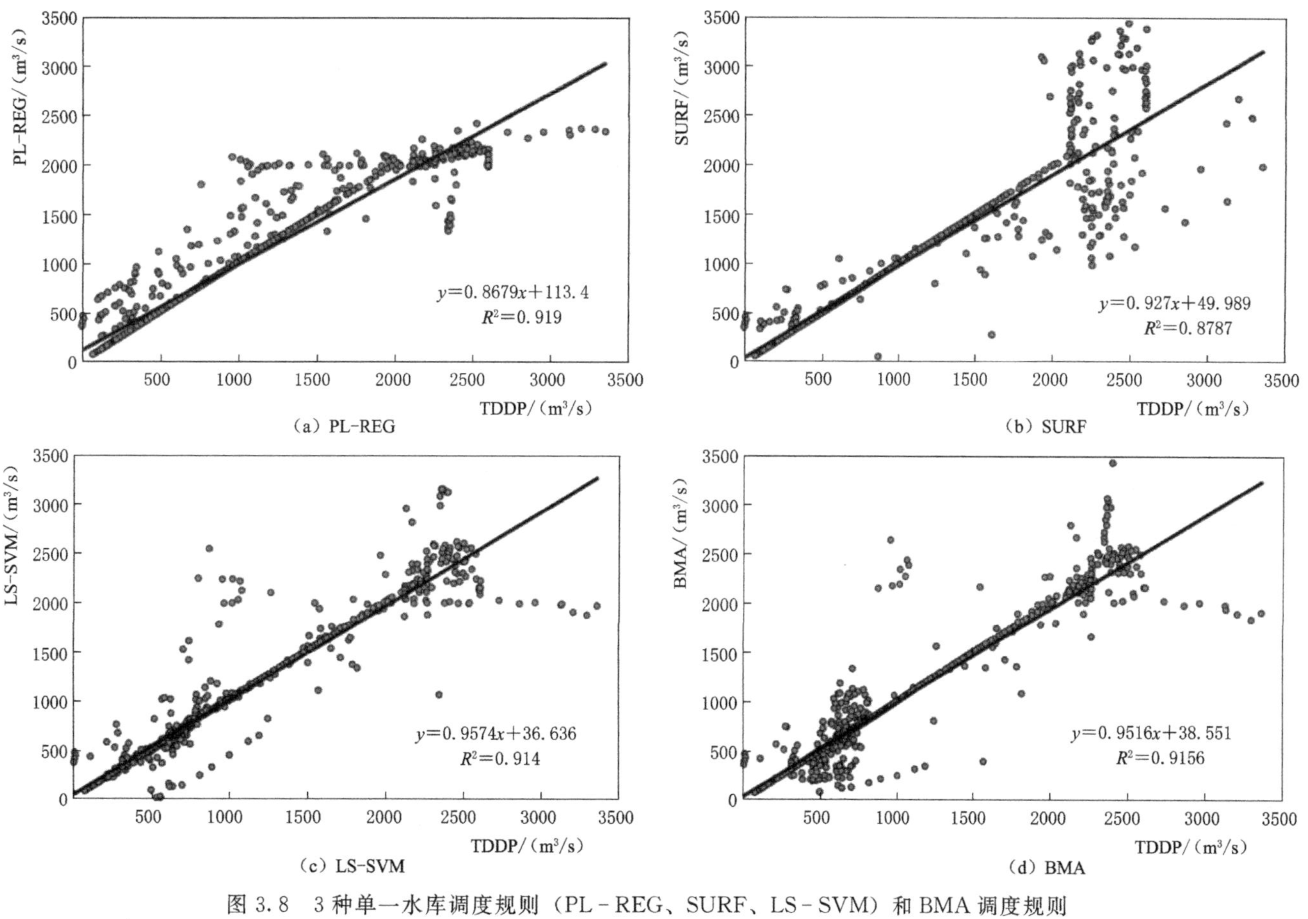

图 3.8　3 种单一水库调度规则（PL－REG、SURF、LS－SVM）和 BMA 调度规则出库流量与确定性优化调度出库流量最优轨迹拟合图

库调度最大水库水位和下游防洪控制田东断面最大流量。从表3.6可看出，对应15年典型洪水，TDDP最大水库水位最小，均值为214.29 m。SURF、LS－SVM和BMA规则最大水库水位均值高于TDDP，为214.37m。COR和PL－REG分别为215.02m和214.39m。

表3.6 COR、TDDP、PL－REG、SURF、LS－SVM、BMA水库调度最大水库水位

分期	年份	最大水库水位/m					
		COR	TDDP	PL－REG	SURF	LS－SVM	BMA
率定期	1970	214.28	214.00	214.00	214.00	214.00	214.00
	1974	214.25	214.00	214.00	214.00	214.00	214.00
	1976	214.23	214.00	214.00	214.00	214.00	214.00
	1978	215.44	214.00	214.11	214.00	214.00	214.00
	1983	214.00	214.00	214.00	214.00	214.00	214.00
	1988	214.00	214.00	214.00	214.00	214.00	214.00
	1994	214.00	214.00	214.00	214.00	214.00	214.00
	1996	214.00	214.00	214.00	214.00	214.00	214.00
	1998	214.00	214.00	214.00	214.00	214.00	214.00
	2001	221.94	218.14	218.31	219.59	218.92	218.91
	均值	215.01	214.41	214.44	214.56	214.49	214.49
检验期	1962	214.13	214.00	214.00	214.00	214.00	214.00
	1966	215.42	214.00	214.38	214.00	214.07	214.12
	1968	216.03	214.22	214.65	214.00	214.63	214.59
	2002	215.61	214.00	214.33	214.00	214.00	214.00
	2005	214.00	214.00	214.00	214.00	214.00	214.00
	均值	215.04	214.04	214.27	214.00	214.14	214.14
均值		215.02	214.29	214.39	214.37	214.37	214.37

图3.9以箱状图展示了COR、TDDP、PL－REG、SURF、LS－SVM、BMA模拟15场典型洪水中百色水库最大出库流量和下游防洪控制断面田东最大流量。图3.9（a）中BMA调度规则最大水库出流中位数低于COR和SURF，四分位距小于COR和SURF，说明BMA调度规则调度更稳定，无异常点。PL－REG和LS－SVM四分位距小于BMA，但存在3个异常点。SURF、LS－SVM和BMA平均最大水库水位相同，但

表 3.7 COR、TDDP、PL-REG、SURF、LS-SVM、BMA 水库调度下游防洪控制田东断面最大流量

分期	年份	下游防洪控制断面田东的最大流量/(m^3/s)					
		COR	TDDP	PL-REG	SURF	LS-SVM	BMA
率定期	1970	2810	3300	2690	3720	3440	3320
	1974	2630	3260	2870	3520	3230	3220
	1976	2930	2790	2510	3360	3360	3070
	1978	3440	2950	2620	3760	3220	2970
	1983	2060	2660	2030	2620	3270	3190
	1988	1700	2740	2310	2870	3320	3170
	1994	2690	2780	2550	2930	3310	3260
	1996	3010	3210	2930	3330	3880	3650
	1998	1700	2780	2170	2790	3270	2920
	2001	4170	4310	4350	4310	4450	4310
	均值	2710	3080	2700	3320	3480	3310
检验期	1962	3570	3350	3160	3660	3560	3440
	1966	4090	3640	3270	4310	3630	3640
	1968	4330	3780	3540	4330	3610	3690
	2002	5010	3610	3610	3700	3610	3610
	2005	2630	2740	2630	3610	3360	3020
	均值	3930	3420	3240	3920	3550	3480
均　值		3120	3190	2880	3520	3500	3370

BMA 平均最大出库流量最小（2830m^3/s）。由图 3.9（b）可知，PL-REG 和 LS-SVM 调度规则模拟调度中田东断面流量在 2001 年典型洪水超出了安全流量，分别是 4350m^3/s 和 4450m^3/s。从表 3.7 可看出，COR 和 SURF 调度规则无法使 1968 年典型洪水对应田东断面流量低于安全流量，最大流量达到 4330m^3/s。此外，COR 调度规则在 2002 年典型洪水调度下田东断面最大流量高达 5010m^3/s。BMA 调度规则能够使所有典型洪水中田东断面最大流量始终低于安全流量，从而保证了下游防洪控制断面的安全。相比于 SURF 调度规则，BMA 调度规则中位数更低和四分位距更小。

图 3.10 展示了 COR、TDDP、PL-REG、SURF、LS-SVM、BMA 调度规则在 2001 年典型洪水中百色水库出库流量变化对比。针对入库流量洪峰，所有调度模型都能有效削减洪峰。但 PL-REG 和 LS-SVM 调

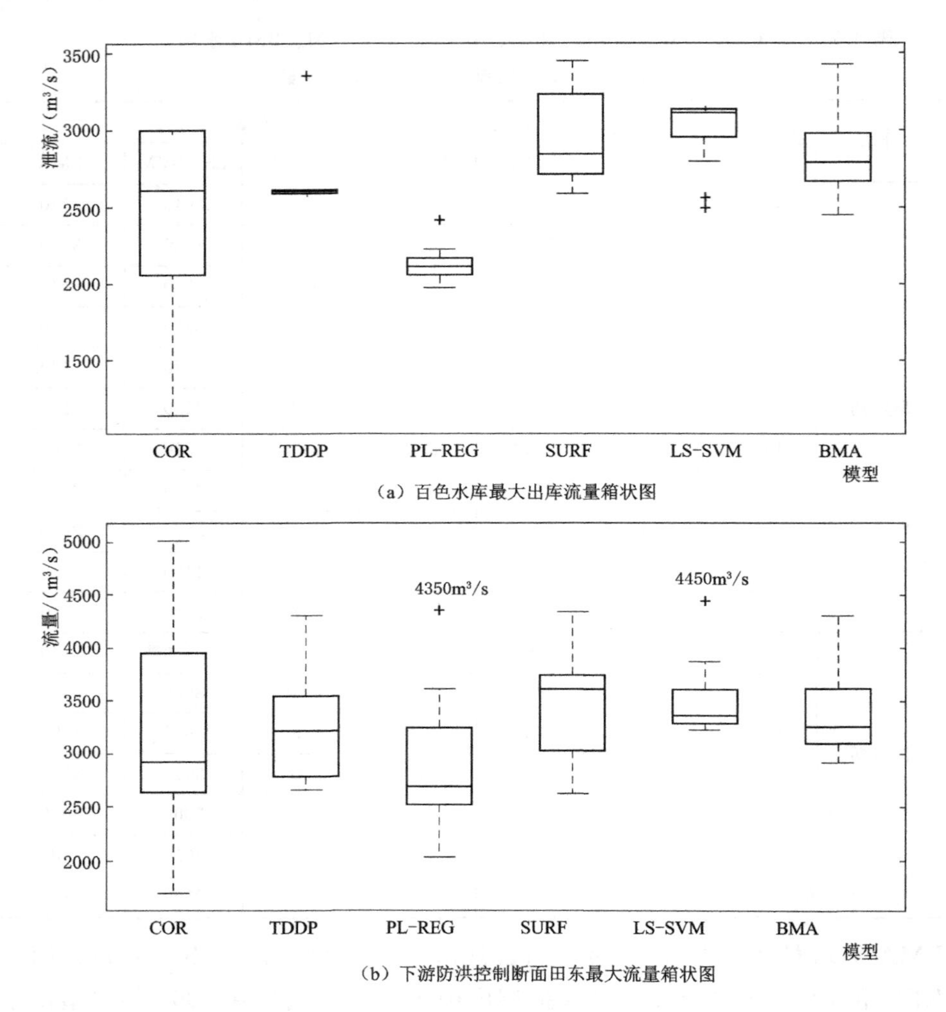

图 3.9 COR、TDDP、PL－REG、SURF、LS－SVM、BMA 模拟 15 场典型洪水百色水库最大出库流量和下游防洪控制断面田东最大流量箱状图

度规则的田东断面最大流量均超过安全流量，达到 4350m³/s 和 4450m³/s。COR、TDDP 和 BMA 调度规则能够有效降低田东断面最大流量，使其均低于安全流量，保证了防洪控制断面的安全。SURF 调度规则相邻时刻出库流量相差太大，库容变化不稳定。BMA 调度规则中水库出库流量变幅小，较稳定。

图 3.11 展示了 COR、TDDP、PL－REG、SURF、LS－SVM、BMA 调度规则在 2001 年典型洪水中百色水库水位变化对比。百色水库在 BMA

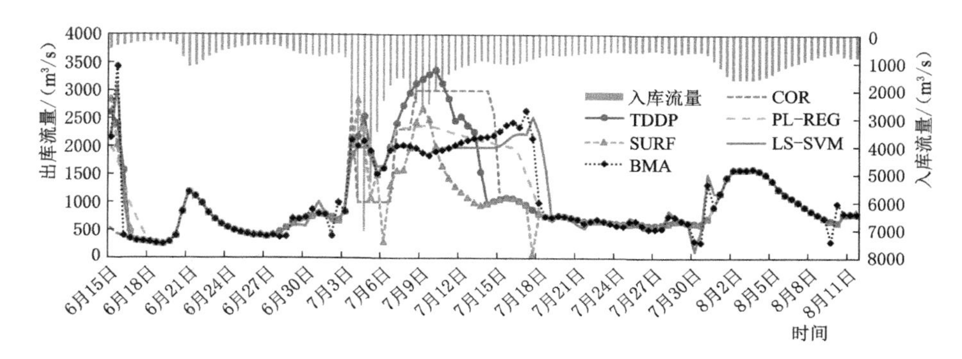

图 3.10 COR、TDDP、PL-REG、SURF、LS-SVM、BMA 调度规则在 2001 年典型洪水中百色水库出库流量变化对比

调度规则中最大水位是 218.91 m，低于 COR、SURF 和 LS-SVM。TDDP 最大水库水位值最低（218.14 m）。因此，BMA 调度规则仅次于确定性优化调度最优轨迹，优于任意单一水库中长期调度规则。

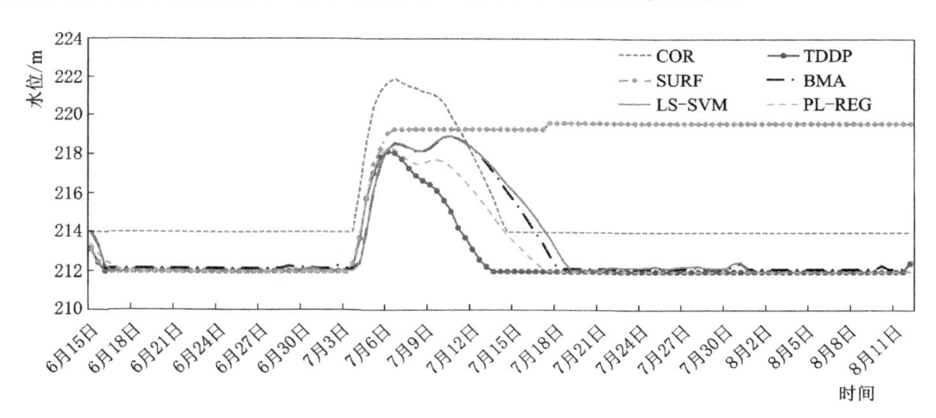

图 3.11 COR、TDDP、PL-REG、SURF、LS-SVM、BMA 调度规则在 2001 年典型洪水中百色水库水位变化对比

3.5.4 百色水库调度区间

BMA 调度规则率定期 90%的调度决策区间如图 3.12 所示。图中红色点代表水库确定性优化调度最优轨迹，灰色区域则对应了 90%调度决策区间。90%调度决策区间是通过 MCMC 产生多组 BMA 权重，分别计算 5%到 95%分位数确定，即 90%置信区间，基本覆盖水库出库流量最优轨迹。调度决策区间可为决策者进行多目标权衡时提供多种调度决策，从而提高了优化调度的可操作性。

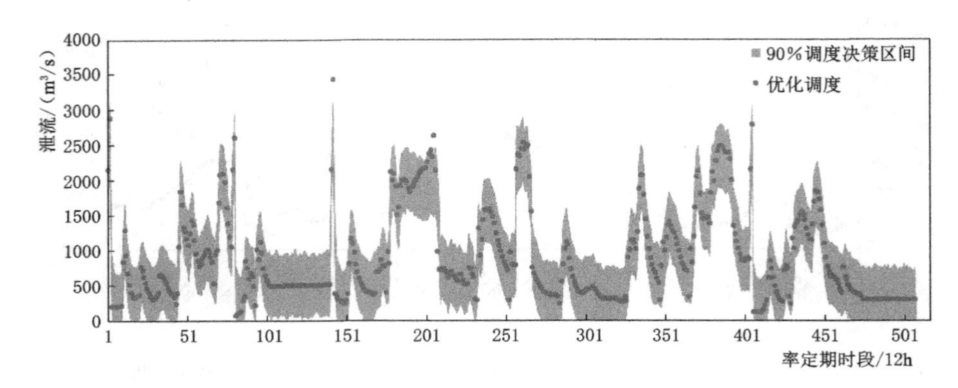

图 3.12 BMA 调度规则率定期 90%的调度决策区间

3.6 本章小结

本书首先基于水库短期确定性优化调度最优轨迹，通过隐随机优化方法提取 3 种单一的水库短期调度规则，包括 PL－REG、SURF 和 LS－SVM，再通过 BMA 提取稳健的短期集合调度规则。通过百色水库防洪优化调度实例研究可得到以下结论：

（1）水库短期确定性优化调度最优轨迹防洪调度表现优于任意单一调度规则（PL－REG，SURF 和 LS－SVM）和集合调度规则（BMA）。基于 15 场典型洪水，水库短期确定性优化调度模型最大水库水位最低，平均值为 214.29m，下游防洪控制断面田东最大流量均低于安全泄量。

（2）LS－SVM 调度规则优于 PL－REG 和 SURF 调度规则。原因在于：①提取集合调度规则时，LS－SVM 权重（0.7913）在 3 种单一水库调度规则中最大；②LS－SVM 调度规则对应的偏差指标 NRMSD 最小（3.7%）。说明 LS－SVM 调度规则在单一调度规则中表现最优，更接近于水库短期确定性优化调度最优轨迹。

（3）稳健的 BMA 集合调度规则优于任意单一水库短期调度规则。BMA 集合调度规则基于所有单一水库短期调度规则，囊括了所有单一调度规则优点，考虑了调度规则形式的不确定性。BMA 平均最大水库水位最低，大幅度提高了水库防洪调度效益。同时，BMA 调度规则能给水库调度决策者提供调度决策区间。

第 4 章

基于洪水空间分布不确定性的水库群优化调度规则

4.1 引言

随着水库数目增加，流域水库群联合防洪优化调度可实现流域效益最优。由于单水库常规防洪调度规则未考虑水库之间联合调度的削峰效果，因此需要提取流域水库群联合防洪优化调度规则（田雨，2012）。流域水库群联合防洪优化调度规则提取方法主要包括 ESO、ISO 和 PSO，通常是一套水库群联合防洪优化调度规则调节所有可能发生的洪水，未考虑流域洪水空间分布不确定的影响。但洪水量级及空间分布对大流域水库群联合防洪优化调度影响巨大，暴雨中心所在区域水库应提前加大泄流以腾出防洪库容，其他区域水库则可控制泄流，提高水头，保证发电或供水效益。

本章着重研究考虑洪水空间分布不确定性以及干支流防洪效益权衡的流域水库群联合防洪优化调度规则提取。以西江流域水库群联合防洪调度为例，首先对西江流域多场典型洪水进行洪水分类，分析西江流域洪水空间分布特点；其次通过大系统聚合-分解方法将西江流域同一支流水库群聚合为一虚拟聚合水库，并对虚拟聚合水库设定相应防洪调度规则。基于流域干流和支流洪灾损失之间的权衡，建立流域水库群联合优化调度模型，通过 PSO 提取水库群“洪水分类-聚合-分解”调度规则。基于洪水空间分布不确定性的水库群联合防洪优化调度规则提取框架图如图 4.1 所示，主要包括 3 大部分。

（1）洪水分类模型。统计流域各防洪控制站点典型洪水过程的洪峰、

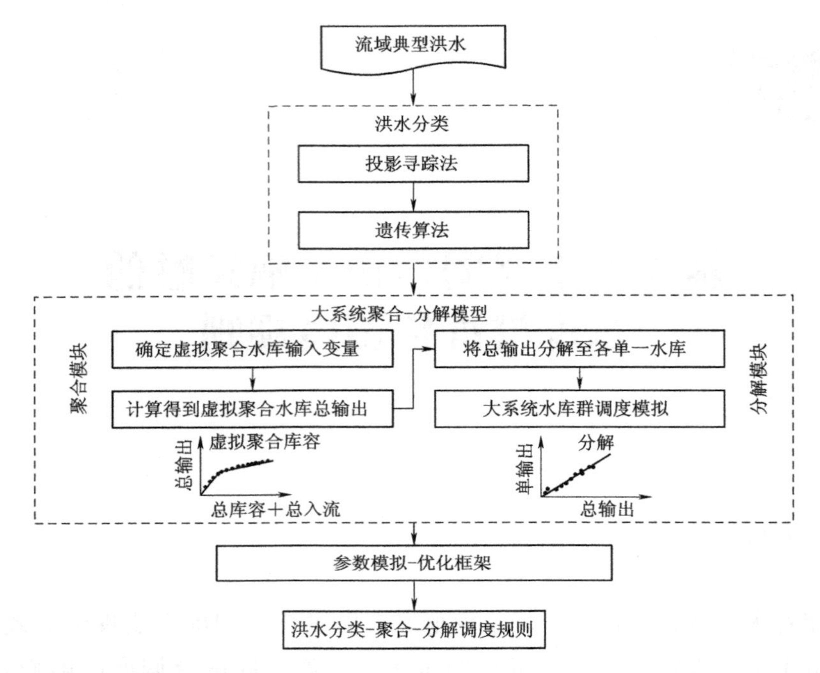

图 4.1 基于洪水空间分布不确定性的水库群联合防洪优化调度规则提取框架图

峰现时间参数，采用投影寻踪方法对流域典型洪水进行分类。

(2) 聚合-分解模型。根据大系统聚合-分解方法，同一支流上水库群以水量为单位聚合成一虚拟聚合水库，再对虚拟聚合水库设定分段线性调度规则，并确定虚拟聚合水库总出库流量分解到各单一水库的分解方式。

(3) 参数模拟-优化框架。基于分段线性调度规则，建立水库群多目标联合优化调度模型。防洪目标包括所有支流防洪效益和干流防洪效益，再采用PSO，对虚拟聚合水库的分段线性调度规则参数进行优化。

4.2 研究方法

4.2.1 洪水分类模型

目前洪水分类没有通用的分类方法和标准。对于单个水库，洪水量级是唯一的洪水分类参数。对于流域水库群，洪水分类有一系列的洪水分类参数，如峰现时间、洪峰流量、洪水历时、径流响应时间和空间相关性参数等。洪峰流量和峰现时间是洪水分类最重要的参数。基于流域多个防洪控制站点洪水分类参数，常用投影寻踪方法进行洪水分类。投影寻踪法的实质是通过最优投影方向将高维数据转换为一维数据，再通过一维数据大小进行分类。

大流域洪水分类通常选用洪峰流量和峰现时间作为洪水分类参数，流域多个防洪控制站点的洪水分类参数可构成洪水分类指标向量，$x_i=\{x_{i,1}, \cdots, x_{i,j}, \cdots, x_{i,p}\}$，$(j=1, \cdots, p)$ 是第 i 场洪水的洪水分类指标向量。对于 k 场洪水，洪水指标向量 $x_i(i=1, 2, \cdots, k)$ 可组成以下高维矩阵：

$$X=\begin{vmatrix} x_{1,1} & \cdots & x_{1,j} & \cdots & x_{1,p} \\ \vdots & \ddots & \vdots & \cdots & \vdots \\ x_{i,1} & \cdots & x_{i,j} & \cdots & x_{i,p} \\ \vdots & \cdots & \vdots & \ddots & \vdots \\ x_{k,1} & \cdots & x_{k,j} & \cdots & x_{k,p} \end{vmatrix},(i=1,2,\cdots,k;j=1,2,\cdots,p) \tag{4-1}$$

式中：参数 $x_{i,j}$ 为第 i 场洪水的第 j 个洪水分类参数；k 为典型洪水场数；p 为单场典型洪水的洪水分类参数个数。常用 GA 优化确定投影寻踪法的最优投影方向，再计算一维投影值，通过投影值大小进行洪水分类。主要流程如下：

1. 洪水分类参数归一化

将各个洪水分类参数通过式（4-2）进行归一化，从而减小各个参数量级的影响。

$$x_{ij}^{*}=\frac{x_{ij}-x_{j,\min}}{x_{j,\max}-x_{j,\min}} \tag{4-2}$$

式中：x_{ij}^{*} 为洪水分类参数 x_{ij} 归一化值；$x_{j,\max}$，$x_{j,\min}$ 为第 j 个洪水分类参数的上下限。

2. 投影值计算

投影寻踪法是通过投影方向将高维数据 x_{ij}^{*} $(j=1, 2, \cdots, p)$ 转换为一维投影值 Z_i。

$$Z_i=\sum_{j=1}^{p} x_{ij}^{*} a_j, a_j \in [-1,1] \tag{4-3}$$

式中：$a_j(j=1, 2, \cdots, p)$ 为投影方向。

3. 构建投影指标函数

$$Q_a = S_a d_a \tag{4-4}$$

式中：S_a 为簇间距，为基于洪水样本投影值 Z_i 的标准差；d_a 为簇密度函数。

$$S_a = \left[\sum_{i=1}^{k} \frac{(Z_i - \overline{Z})^2}{n-1}\right]^{\frac{1}{2}} \tag{4-5}$$

$$d_a = \sum_{i=1}^{k}\sum_{t=1}^{k}(R - r_{i,t})f(R - r_{i,t}) \tag{4-6}$$

式中：$\overline{Z} = \sum_{i=1}^{k} Z_i / n$；$r_{i,t} = |Z_i - Z_t|$，($i$，$t=1$，2，…，$k$)；$R$ 为簇密度函数的窗口半径，与数据特征量有关，通常为 $R=0.1S_a$；$f(R-r_{i,t})$ 为单调密度函数，当 $R>r_{i,t}$ 时为1，否则为0。

4. 洪水分类优化模型

目标函数值 Q_a 由投影方向 a_j($j=1$，2，…，p) 确定。最优投影方向能够反映高维数据结构，可通过GA（参数设置见表4.1）求解以下洪水分类优化模型确定：

$$\max Q_a = S_a d_a$$

$$\text{s. t.} \sum_{j=1}^{p} a_j^2 = 1 \tag{4-7}$$

最优投影方向确定后，则可计算出一维投影值 Z_i，并将其用于洪水分类。

4.2.2 大系统聚合-分解模型

大系统聚合-分解模型常用于大型水库群联合发电调度（Liu et al.，2011；Valdes et al.，1992），很少用于水库群防洪调度。大系统聚合-分解模型的核心思想是将多个水库以水量或能量为单位聚合成一个虚拟聚合水库，通过对虚拟聚合水库进行调度，将其总输出分解到各个单一水库（Saad et al.，1994）。

1. 聚合模型

流域同一支流上的水库以水量为单位聚合成一个虚拟聚合水库，不需考虑不同支流上水库之间的特性不同。虚拟聚合水库同时需要考虑一定时段内的水文预报，聚合公式如下：

$$V_i^*(t)=\sum_{n=1}^{N}\left[V_n(t)+\sum_{j=0}^{J}I_n(t+j)\Delta t\right] \tag{4-8}$$

式中：$V_i^*(t)$ 为虚拟聚合水库 i 在 t 时刻考虑了 J 时段入库流量预报的预报库容；$V_n(t)$ 为水库 n 在 t 时刻的库容；$I_n(t)$ 为水库 n 在 t 时刻的入库流量；Δt 为时间步长；N 为虚拟聚合水库中水库个数；J 为预报时段长度。

2. 分解模型

分解旨在将虚拟聚合水库总输出分解到各个单一水库。Liu 等（2011）通过确定性优化调度最优轨迹的拟合函数作为分解策略；Li 等（2014）用遗传规划方法优化确定分解策略。本章将虚拟聚合水库总输出按照各水库预报流量比进行分解，如式（4－9）所示：

$$R_n(t)=R_i^*(t)\times\frac{\sum_{t}^{t+J}I_n(t)}{\sum_{i=1}^{N}\sum_{t}^{t+J}I_n(t)} \tag{4-9}$$

式中：$R_i^*(t)$ 为虚拟聚合水库 i 在 t 时刻的总出库流量；$R_n(t)$ 为单个水库 n 在 t 时刻的泄流量。

4.2.3 参数-模拟-优化方法

参数-模拟-优化方法（PSO）常被用于优化提取水库调度规则，与 ISO 不同，PSO 不需要水库确定性优化调度最优轨迹，直接设定水库优化调度规则形式和优化模型后，通过优化算法优化确定规则参数。由于分段线性规则常用于水库防洪优化调度规则，因此本章设定虚拟聚合水库的防洪调度规则如下：

$$R_i^*(t)=\begin{cases}a_i^1V_i^*(t)+b_i^1, & V_i^{\min}\leqslant V_i^*(t)\leqslant V_i^T\\ a_i^2V_i^*(t)+b_i^2, & V_i^T<V_i^*(t)\leqslant V_i^{\max}\end{cases} \tag{4-10}$$

式中：a_i^1，b_i^1，a_i^2，b_i^2 为分段线性规则的斜率和截距，需要通过优化确定；转折点 V_i^T 为通过两段斜线交叉确定；$V_i^{\max}$，$V_i^{\min}$ 分别为虚拟聚合水库 i 的最大允许和最小库容。分段线性规则函数输入包括虚拟聚合水库在 t 时段初始库容和 J 时段预报入库流量，输出是虚拟聚合水库 t 时刻的总出库流量。同一支流上水库对应同一个虚拟聚合水库，因此防洪调度规则形式和参数相同，不同支流上水库则对应不同虚拟聚合水库，因此防洪调度规则形式相同，参数不同。

1. 目标函数

大系统水库群联合防洪优化调度目标为降低流域干流和支流防洪控制断面的洪灾损失，如式（4-11）和式（4-12）所示。不同支流防洪控制断面具有相同重要性，因此将各支流防洪控制断面超出安全流量的流量平方和作为流域所有支流防洪控制断面的洪灾损失，最小化流域所有支流控制断面洪灾损失设定为水库群联合防洪优化调度第一个目标函数：

$$\min Q_1^* \Leftrightarrow \min\left\{\sum_{m=1}^{M}\sum_{t=1}^{T}[Q_m(t)-Q_m^s]^2 N_m(t)\right\} \tag{4-11}$$

式中：Q_1^* 为流域所有支流防洪控制断面的洪灾损失；$Q_m(t)$ 为防洪控制断面 m 在 t 时刻的流量；$N_m(t)$ 为二进制变量，当防洪控制断面 m 在 t 时刻的流量超过安全流量时为1，否则为0；Q_m^s 为防洪控制断面 m 的安全流量；M 为支流防洪控制断面数；T 为总时段数。

第二个目标函数为最小化流域干流防洪控制断面的洪灾损失，即最小化干流防洪控制断面超出安全流量的流量平方和：

$$\min Q_2^* \Leftrightarrow \min\left\{\sum_{t=1}^{T}[Q_f(t)-Q_f^s]^2 N_f(t)\right\} \tag{4-12}$$

式中：Q_2^* 为干流洪灾损失；$Q_f(t)$ 为干流防洪控制断面 t 时刻的流量；$N_f(t)$ 为干流防洪控制断面在 t 时刻的二进制变量，当防洪控制断面流量超过安全流量为1，否则为0；Q_f^s 为干流防洪控制断面的安全流量。

2. 约束条件

约束条件包括水量平衡、水库水位、水库下泄流量、防洪控制断面安全流量、边界条件和河道汇流约束：

$$\frac{I_n(t)+I_n(t+1)}{2}\Delta t-\frac{R_n(t)+R_n(t+1)}{2}\Delta t=V_n(t+1)-V_n(t) \tag{4-13}$$

$$Z_{n,\min}\leqslant Z_n(t)\leqslant Z_{n,\max} \tag{4-14}$$

$$R_n(t)\leqslant R_{n,\max}(t) \tag{4-15}$$

$$Z_{n,init}=Z_{n,FLWL} \tag{4-16}$$

$$Q_z(t)=C_0R(t)+C_1R(t-1)+C_2Q_z(t+1) \tag{4-17}$$

式中：$Z_{n,\max}$、$Z_{n,\min}$ 分别为水库 n 在 t 时刻的最大允许和最小水位；$R_{n,\max}(t)$ 为水库 n 在 t 时刻的最大允许下泄流量，与溢洪道有关；$Z_{n,init}$ 为水库 n 防洪调度的起始水位；$Z_{n,FLWL}$ 为水库 n 的汛限水位；C_0、C_1、C_2 为马斯京根法对应的河道汇流参数。本章假设水库蒸发量为 0。

采用传统 NSGA Ⅱ进化算法对水库群联合优化调度规则进行优化，相应 GA 和 NSGA Ⅱ进化算法设置见表 4.1。

表 4.1　　GA 和 NSGA Ⅱ进化算法参数设置表

算法	种群大小	进化代数	交叉概率	变异概率	优化变量个数	目标函数个数
GA	500	30	0.9	0.1	14	1
NSGA Ⅱ	500	30	0.9	0.1	60	2

4.3 研究实例

西江流域是珠江流域面积最大的子流域，流域面积有 329700km^2。西江流域干支流包括郁江、红水河、柳江、黔江、浔江和桂江，水资源极其丰沛，仅次于长江流域。由于西江流域大部分属于山区，且降雨时空分布不均，常遭受洪灾，因此修建了大量防洪水库。西江流域水库群联合防洪调度旨在降低西江流域干支流上 6 个防洪控制断面（南宁、迁江、柳州、武宣、桂林和梧州）的洪灾损失，西江流域 6 个防洪控制断面安全流量见表 4.2。梧州断面位于西江干流，对广东省防洪安全具有至关重要的作用，因此其洪灾损失须单独作为优化目标，其他 5 个防洪控制断面均位于支流，因此将 5 个支流断面洪灾损失之和作为另一个防洪优化目标。

表 4.2　　西江流域 6 个防洪控制断面安全流量

断面	南宁	迁江	柳州	武宣	桂林	梧州
安全流量/(m^3/s)	18400	16400	29750	36300	4850	41200

西江流域 10 个防洪水库分布示意图如图 4.2 所示。西江流域现状年有 4 个防洪水库（百色、老口、龙滩和青狮潭），其他 6 个防洪水库处于规划阶段，于 2030 年修建完成并投入使用，包括洋溪、落久、大藤峡、斧子口、川江和小溶江。西江流域 10 个防洪水库基本参数见表 4.3，百色、老口、龙滩、大藤峡和洋溪水库非汛期调度目标包括发电和航运。落久、青狮潭、川江、小溶江和斧子口水库非汛期调度目标包括供水和灌

溉。10 个水库的常规调度规则通常是在规划设计阶段根据水库设计需求单独确定，未考虑水库联合调度，由广西壮族自治区水利电力勘测设计研究院提供。以龙滩水库为例，龙滩水库常规调度规则见表 4.4，龙滩水库出库流量由梧州断面预报流量确定，当梧州断面处于涨水阶段，流量大于 25000m^3/s 时，水库出库流量最大泄流为 4000m^3/s。当梧州断面处于退水阶段，流量低于 42000m^3/s 时，水库出库流量等于入库流量。本章设定了 3 个调度情景进行对比，包括现状年 4 个水库（百色、老口、龙滩和青狮潭）常规防洪调度（Conventional Operation in Status Quo Year，CO－SQY）、2030 年 10 个水库常规防洪调度（Conventional Operation in 2030，CO－2030）和 2030 年考虑了洪水空间分布不确定性的洪水分类-聚合-分解调度（Flood classification－Aggregration－Decomposition in 2030，FAD－2030）。

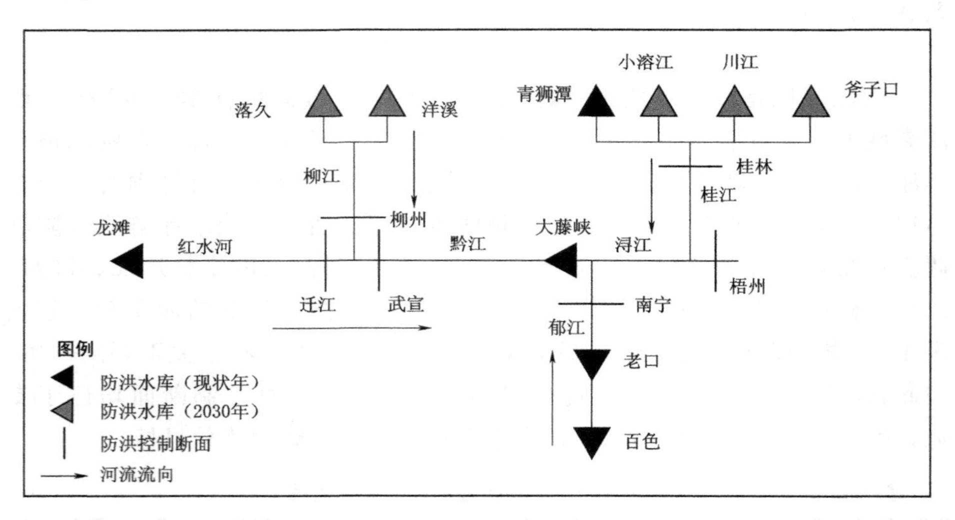

图 4.2 西江流域 10 个防洪水库分布示意图

表 4.3 西江流域 10 个防洪水库基本参数表

河流		水库	死水位 /m	汛限水位 /m	防洪高水位 /m	防洪库容 /$10^9 m^3$	总库容 /$10^9 m^3$
现状年	郁江	百色	203.0	214.0	228.0	1.640	4.80
		老口	75.0	75.5	84.2	0.360	2.88
	红水河	龙滩	330.0	359.3	376.0	7.070	16.20
	桂江	青狮潭	204.0	224.2	226.0	0.087	0.60

续表

河流		水库	死水位/m	汛限水位/m	防洪高水位/m	防洪库容/10^9m^3	总库容/10^9m^3
2030年	柳江	洋溪	156.0	156.0	187.2	0.880	7.80
		落久	142.0	142.0	161.0	0.930	2.50
	黔江	大藤峡	47.6	47.6	61.0	12.060	15.00
	桂江	斧子口	226.0	254.4	268.0	0.090	0.19
		川江	230.0	262.0	275.0	0.040	0.10
		小溶江	221.0	255.0	268.0	0.060	0.15

表 4.4　龙滩水库常规调度规则　单位：m^3/s

控制条件		泄流
梧州断面涨水	$Q_{梧州}<25000$	6000
	$Q_{梧州}\geqslant 25000$	4000
梧州断面退水	$Q_{梧州}<42000$	入库流量
	$Q_{梧州}\geqslant 42000$	4000
无防洪库容		自由泄流

西江流域水文站点众多，经筛选，最终选取了能够较好反映西江流域洪水空间分布的15场典型洪水过程（1962年，1966年，1968年，1970年，1974年，1976年，1978年，1983年，1988年，1994年，1996年，1998年，2001年，2002年和2005年），时间步长为1h。7个水文站点所在断面（南宁、迁江、柳州、武宣、桂林、梧州和大湟江口）的典型洪水参数可用于西江流域洪水分类。

4.3.1　洪水空间分布不确定性分析

西江流域7个防洪控制断面（水文站点）的15场典型洪水洪峰流量和峰现时间被选定作为洪水分类参数，则共有14个参数，见表4.5。由于15场典型洪水长度不一样，其峰现时间需要进一步处理，本章选用矢量统计法（Directional Statistics，DS）处理各典型洪水的峰现时间，具体计算公式如下：

$$x_{ij}=D_{ij}\times 2\pi/L_i \tag{4-18}$$

式中：D_{ij} 为 j 断面洪峰在第 i 场典型洪水中的出现时段数；L_i 为第 i 场典型洪水总时段数。通过投影寻踪法和遗传算法确定最优投影方向

表 4.5　西江流域 7 个防洪控制断面（水文站点）15 场典型洪水参数和投影值

年份	南宁		迁江		武宣		桂林		柳州		大湟江口		梧州		投影值 Z_i
	峰现时间	Q_m /(m³/s)	峰现时间	Q_m /(m³/s)	峰现时间	Q_m /(m³/s)	峰现时间	Q_m /(m³/s)	峰现时间	Q_m /(m³/s)	峰现时间	Q_m /(m³/s)	峰现时间	Q_m /(m³/s)	
1962	4.70	6390	4.14	14300	4.12	36500	2.45	2100	3.30	22100	4.18	38100	3.83	39800	1.3285
1966	3.10	8770	2.98	15500	3.83	28100	1.03	995	3.76	18300	2.73	34500	2.63	36100	0.4805
1968	2.33	8960	4.24	16000	2.36	33700	2.17	3150	4.22	16600	2.34	36300	2.18	38900	0.9471
1970	0.78	9020	2.25	16500	2.23	39800	1.69	2110	2.15	25900	2.27	31700	2.27	35800	0.9219
1974	5.18	4220	2.38	13300	4.24	32100	4.00	4120	5.10	14800	5.08	31700	4.12	37900	0.3979
1976	6.74	5080	4.11	15900	3.81	43400	3.60	4430	3.81	21600	4.00	38300	3.67	42400	1.5262
1978	5.18	9080	4.97	9940	1.59	30400	1.46	3800	1.59	20600	1.62	29200	1.54	35600	0.4717
1983	1.75	3620	3.15	15400	3.09	35400	2.84	2770	3.04	21600	3.07	31500	3.03	36200	0.9205
1988	3.08	5540	2.82	18400	2.80	42200	3.18	2420	2.80	27000	2.94	41800	2.94	42500	2.3012
1994	2.22	4140	1.86	17900	1.82	44400	1.63	4500	1.83	26500	1.97	42400	1.72	49200	2.5156
1996	5.97	6570	2.03	13700	4.00	42800	3.62	3160	3.94	33700	4.13	35820	3.99	39800	0.9514
1998	4.08	4530	1.98	10500	1.95	37300	1.67	5890	1.95	19700	2.01	41300	1.84	52900	1.5973
2001	2.63	13400	2.51	16400	2.81	22500	3.48	269	1.02	7720	2.80	33600	2.64	36700	0.9274
2002	4.75	9240	5.05	14000	0.35	31900	0.38	3150	0.31	17900	5.26	37500	0.31	38900	0.9190
2005	2.20	6900	2.30	16600	2.34	38400	2.06	3060	2.23	16400	2.32	41500	2.27	53700	2.5662
最优投影方向	0.504	0.321	−0.135	−0.764	0.189	−0.526	−0.243	0.333	0.591	0.157	−0.154	−0.965	−0.585	−1.000	

为（0.504、0.321、－0.135、－0.764、0.189、－0.526、－0.243、0.333、0.591、0.157、－0.154、－0.965、－0.585、－1.000），基于最优投影方向，可计算15场典型洪水的投影值，见表4.5，范围为0.3～2.6。15场典型洪水投影值分布如图4.3所示，较大投影值分布较广，较小投影值分布相对集中。为了使投影值分布均匀，根据经验和前期研究选定0.8和1.5作为阈值进行洪水分类（Cheng et al.，2009；Huang and Zhang，2011；董前进等，2007），从而将15场典型洪水分为3类：上中游型（Middle and Upstream，MU）、全流域型（Whole Basin，WB）和中下游型（Middle and Downstream，MD），西江流域15场典型洪水分类结果见表4.6。

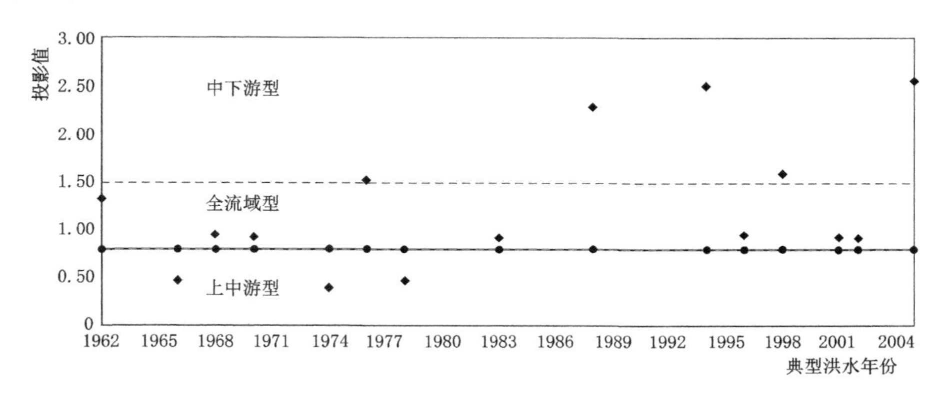

图4.3 15场典型洪水投影值分布图

表4.6　　西江流域15场典型洪水分类结果

类　别	投影值	典　型　洪　水
上中游型（MU）	$Z<0.8$	1966年、1974年、1978年
全流域型（WB）	$0.8\leqslant Z<1.5$	1962年、1968年、1970年、1983年、1996年、2001年、2002年
中下游型（MD）	$Z\geqslant 1.5$	1976年、1988年、1994年、1998年、2005年

3类洪水的7个防洪控制断面归一化洪峰量对比如图4.4所示。图4.4（a）是上中游型，7个水文站点归一化洪峰呈现上凸型。图4.4（b）是全流域型，7个水文站点归一化洪峰呈现三次函数型。图4.4（c）是中下游型，7个水文站点归一化洪峰呈现下凸型。因此，可根据洪水7个水文站点的投影值大小或7个水文站点归一化洪峰值拟合曲线来判断流域洪水类别。以3场典型洪水（1966年，1968年和1998年）为例分析3个洪

水类别特点。表4.7对比展示了3场典型洪水中6个支流防洪控制断面洪峰流量与干流防洪控制断面梧州断面洪峰流量比值。1966年典型洪水属于上中游型，6个支流断面中，大湟江口断面洪峰流量与梧州断面洪峰流量比值最大，为95.58%；桂林断面洪峰流量与梧州断面洪峰流量比值最小，为3.97%。1998年典型洪水为中下游型，大湟江口断面洪峰流量与梧州断面洪峰流量比值最大，为78.08%；桂林断面洪峰流量与梧州断面洪峰流量比值最小，为10.98%。1968年典型洪水为全流域型，大湟江口断面

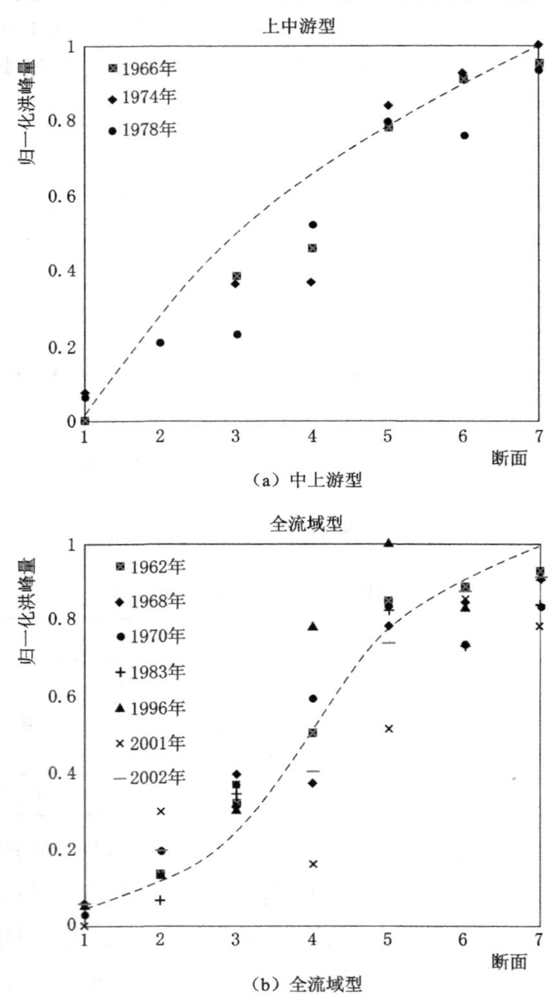

(a) 中上游型

(b) 全流域型

图4.4（一） 三类洪水的7个防洪控制断面归一化洪峰量对比图

1—桂林；2—南宁；3—迁江；4—柳州；5—武宣；6—大湟江口；7—梧州

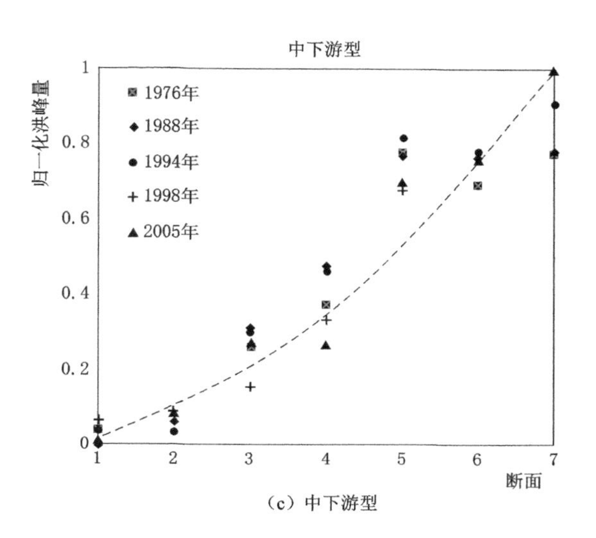

（c）中下游型

图 4.4（二） 三类洪水的 7 个防洪控制断面归一化洪峰量对比图
1—桂林；2—南宁；3—迁江；4—柳州；5—武宣；6—大湟江口；7—梧州

洪峰流量与梧州断面洪峰流量比值和桂林断面洪峰流量与梧州断面洪峰流量比值位于上中游型和中下游型洪水之间。由于大湟江口断面位于西江流域中部，桂林断面位于西江流域下游，说明当西江流域中部洪峰接近于流域出口断面梧州洪峰流量时，洪水为上中游型。中下游型洪水说明流域中部至下游区间入流占流域出口断面洪峰比例较大。全流域型洪水表明西江流域整体遭遇洪水，说明干流出口断面是由各支流共同汇流影响造成的洪峰。

表 4.7　3 场典型洪水中 6 个支流防洪控制断面洪峰流量与干流防洪控制断面梧州断面洪峰流量比值　%

	桂林	南宁	迁江	柳州	武宣	大湟江口
MU-1966	3.97	24.29	42.92	50.59	83.07	95.58
WB-1968	8.07	23.03	45.24	42.68	86.57	93.32
MD-1998	10.98	13.51	19.83	37.10	70.52	78.08

4.3.2 洪水分类-聚合-分解规则

基于洪水分类结果，采用 PSO 提取 2030 年西江流域 10 个水库联合防洪优化调度规则。同一支流上的水库群（郁江上的百色和老口，柳江上的洋溪和落久，桂江上的青狮潭、斧子口、川江和小溶江）以水量为单位聚合成虚拟聚合水库，并为虚拟聚合水库设定分段线性规则，规则参数为分段线性规则转折点和末端的横坐标和纵坐标，需要通过优化确定。由于红水河和黔江均只有一个水库（龙滩和大藤峡），故不需进行大系统聚合-分解，因此西江流域共有3个虚拟聚合水库（郁江、柳江和桂江）和两个真实水库（龙滩和大藤峡）的防洪调度规则需要进行优化。由于一个洪水类别对应20个调度规则参数，3个洪水类别则有60个调度规则参数。各水库防洪调度初始状态均设定为水库汛限水位，优化算法为传统NSGA Ⅱ。

上中游型和全流域型洪水在情景CO－SQY和CO－2030中5个支流防洪控制断面最大流量均低于安全流量，说明支流防洪控制断面在上中游型和全流域型洪水中没有洪灾损失，而干流防洪控制断面梧州在3个洪水类别中均遭受了防洪破坏。因此，针对情景FAD－2030，上中游型和全流域型洪水的水库群联合防洪调度规则优化问题为单目标优化问题，仅需关注流域干流防洪控制断面的洪灾损失。对于中下游型洪水，洪水分类-聚合-分解优化调度规则提取为多目标优化问题，需要同时考虑干流和支流洪灾损失。

单目标防洪优化调度中，梧州断面在上中游型洪水洪灾损失目标函数值为3.87×10^{8}，小于全流域洪水洪灾损失目标函数值2.28×10^{9}，最优参数为上中游型洪水和全流域洪水的洪水分类-聚合-分解防洪调度规则。情景FAD－2030下中下游型洪水的多目标优化Pareto前沿如图4.5所示。点A对应5个支流防洪控制断面总洪灾损失为0，相应的优化参数设定为中下游型洪水流域水库群防洪调度规则。中下游型洪水在情景CO－SQY和CO－2030中梧州断面洪灾损失目标函数值均位于图4.5所示Pareto前沿的支配区域（由于量级相差悬殊，未画出）。图4.6为情景FAD－2030

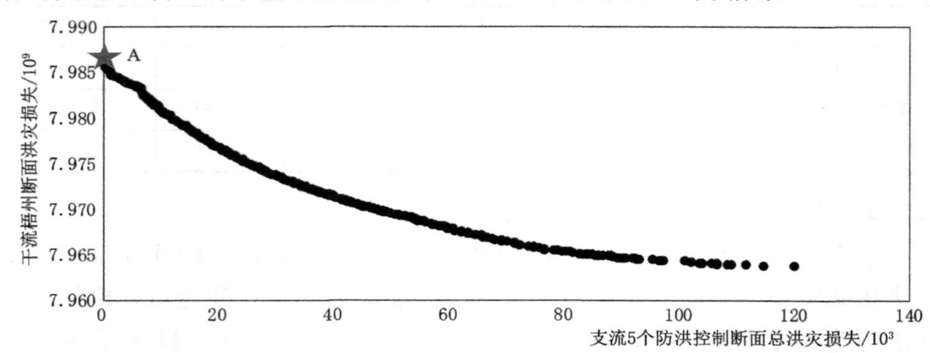

图4.5 情景FAD－2030下中下游型洪水的多目标优化Pareto前沿

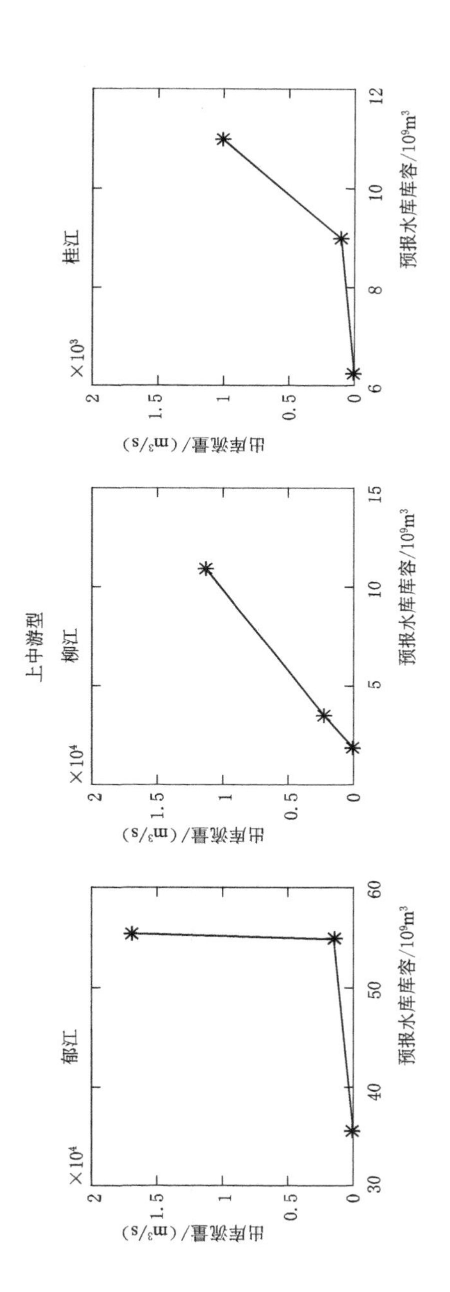

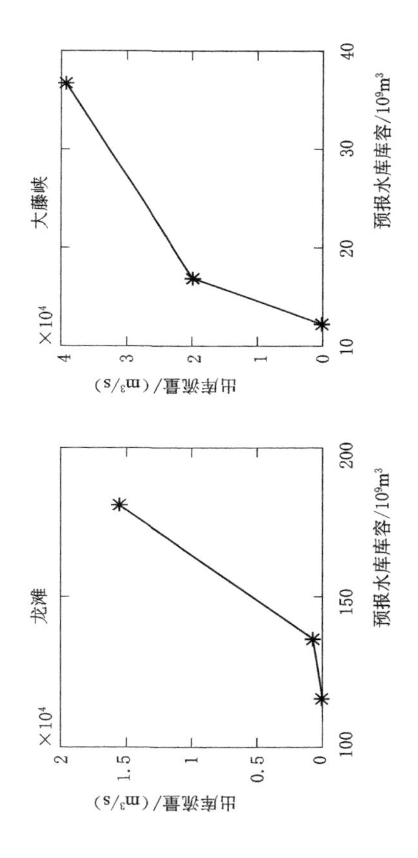

图 4.6（一） 情景 FAD－2030 下西江流域 3 类洪水的虚拟聚合水库和真实水库防洪优化调度规则

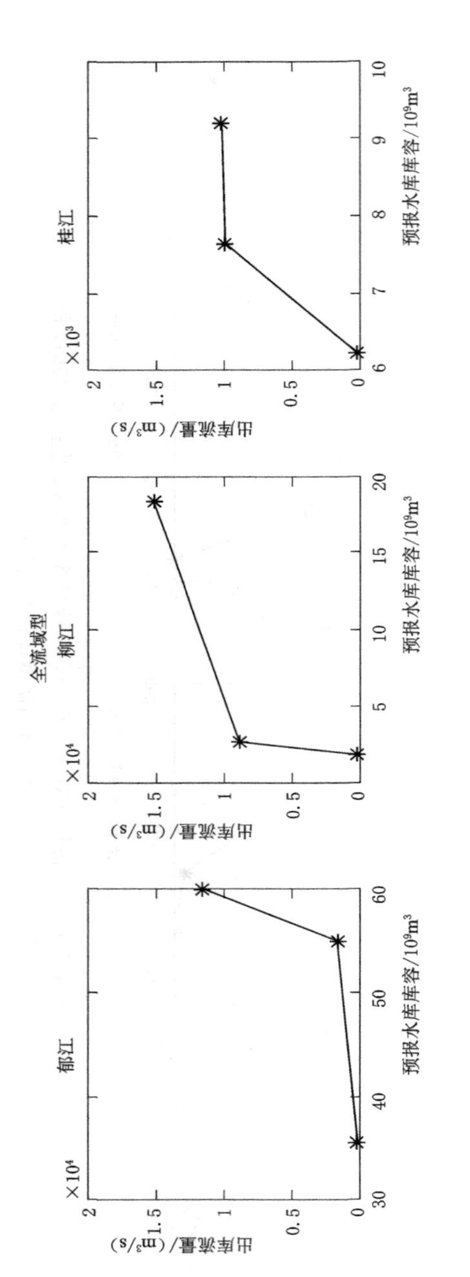

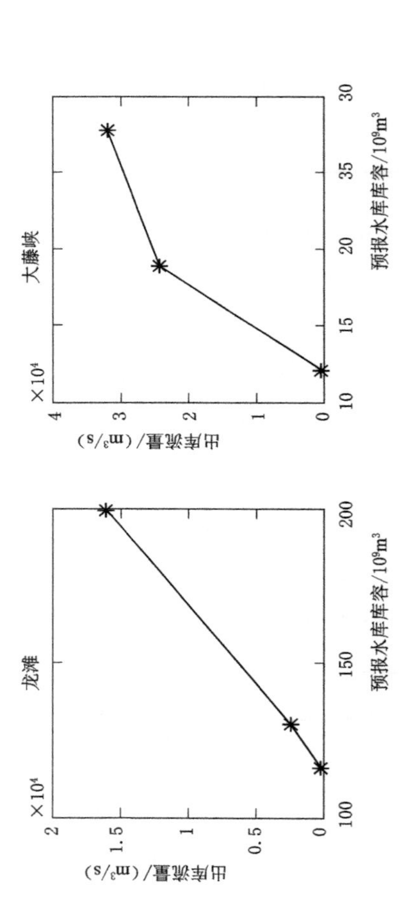

图 4.6（二） 情景 FAD-2030 下西江流域 3 类洪水的虚拟聚合水库和真实水库防洪优化调度规则

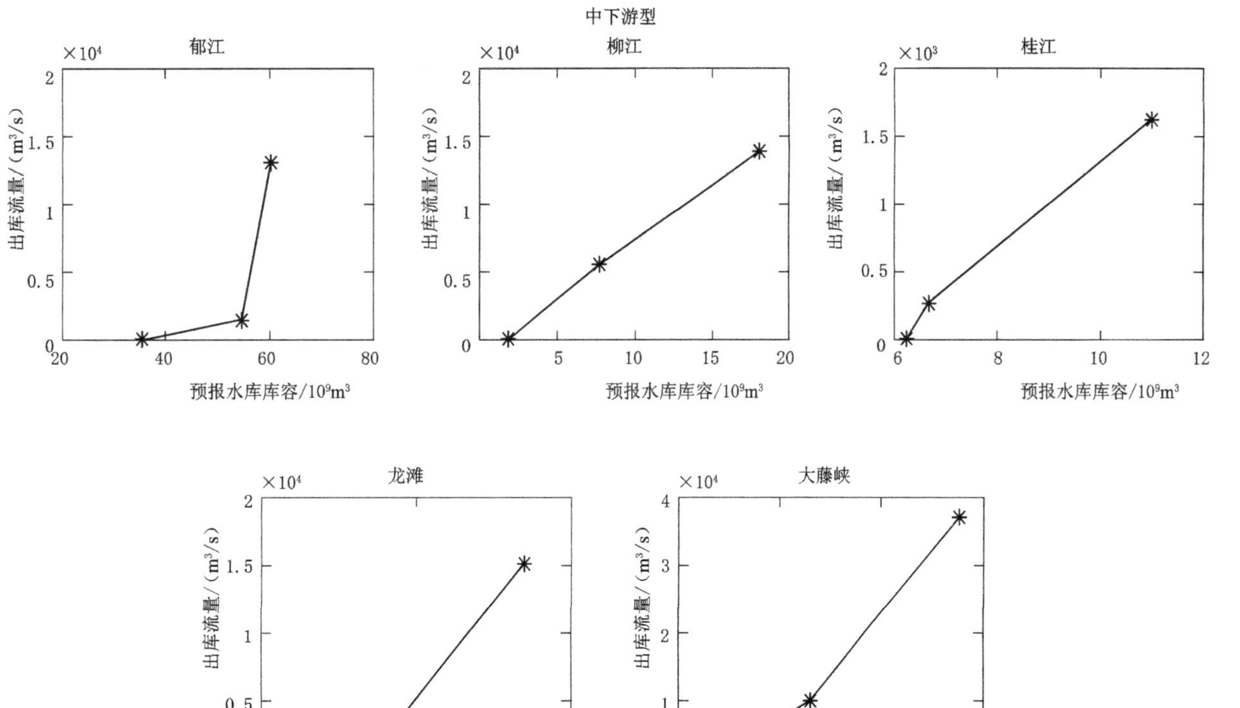

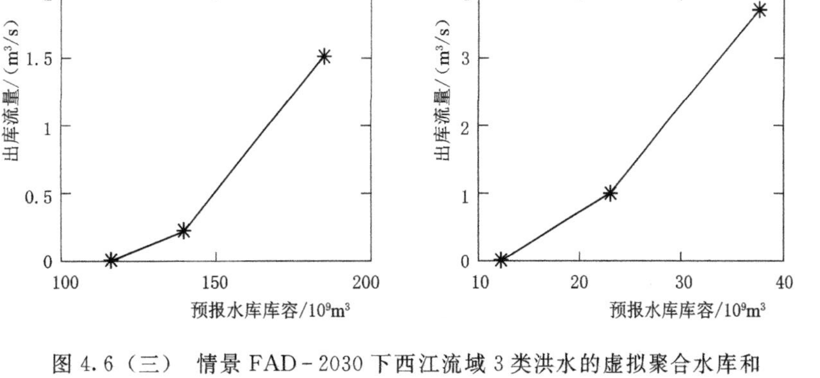

图 4.6（三） 情景 FAD-2030 下西江流域 3 类洪水的虚拟聚合水库和真实水库防洪优化调度规则

下西江流域3类洪水的虚拟聚合水库和真实水库的防洪优化调度规则。横坐标为虚拟聚合水库或真实水库考虑48h入库流量预报的预报水库库容，纵坐标为虚拟聚合水库的总出库流量或真实水库的出库流量。虚拟聚合水库的总出库流量可通过入库流量比值分解至各单一水库。

4.3.3 水库调度结果

由于水库常规调度规则保持不变，相同典型洪水在情景CO-SQY和情景CO-2030调度中4个现状年防洪水库（百色、老口、龙滩和青狮潭）结果一致。图4.7所示为龙滩水库在中下游型1998年典型洪水常规调度和FAD-2030优化调度的调蓄过程，典型洪水过程可分为4段（阶段A，阶段B，阶段C，阶段D）。由于洪水分类-聚合-分解优化调度规则（FAD-2030）的削峰效果，龙滩水库水位在阶段A和阶段C持续增加，但阶段B和阶段D中水库水位保持不变，原因在于水库出库流量与入库流量基本一致。情景FAD-2030的水库优化调度出库流量比情景CO-SQY和情景CO-2030的水库常规调度出库流量小且更平缓，因此情景FAD-2030的水位更高，但最高水位仍低于水库防洪高水位，未造成水库防洪风险。说明洪水分类-聚合-分解防洪调度规则能较好地利用水库防洪库容。

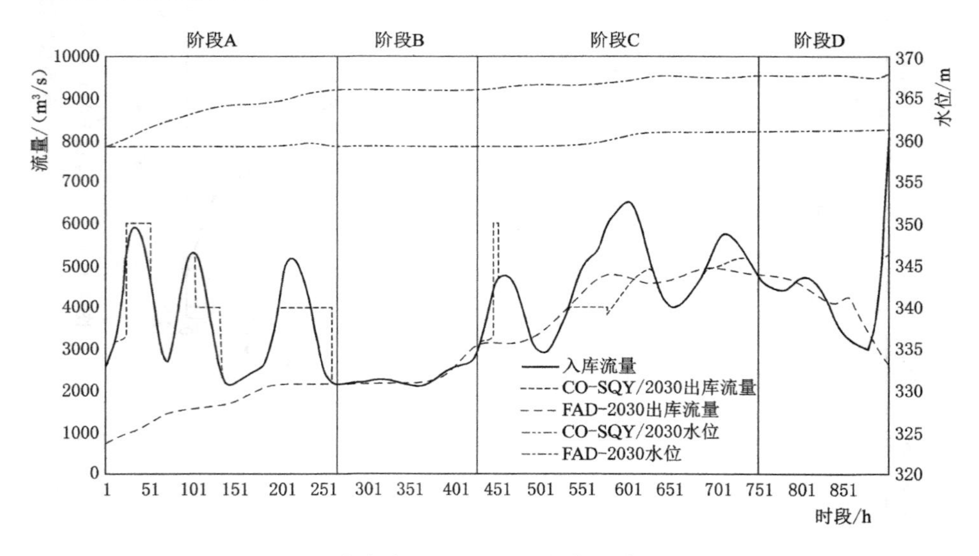

图4.7 龙滩水库在中下游型1998年典型洪水中常规调度和FAD-2030优化调度的调蓄过程

图 4.8 展示了 3 类典型洪水中百色水库 3 种调度情景最大出库流量和最大水位箱状图。由于百色水库常规调度规则在现状年和 2030 年保持不变，因此情景 CO - SQY 和情景 CO - 2030 的箱状图相同。图 4.8（a）中，3 种典型洪水类别在情景 FAD - 2030 的最大出库流量中位线均低于情景 CO - SQY 和情景 CO - 2030，说明洪水分类-聚合-分解优化调度规则能够有效降低郁江上南宁防洪控制断面的洪灾损失。图 4.8（b）中，3 种典型洪水类别在情景 FAD - 2030 的最大水库水位均高于情景 CO - SQY 和情景 CO - 2030，但始终低于水库防洪高水位，说明洪水分类-聚合-分解优化调度规则通过防洪库容储存洪水以降低水库出库流量，从而降低下游洪灾损失，证明了洪水分类-聚合-分解优化调度规则的优势。

图 4.9 展示了大藤峡、斧子口和小溶江水库在 3 种典型洪水类别下情景 CO - 2030 和情景 FAD - 2030 的水库最大水位箱状图。在情景 CO - 2030 中，大藤峡水库在中下游型洪水调度过程中有两场典型洪水（1998 年和 2005 年）最大水位超过了防洪高水位，造成了防洪风险。由于斧子口和小溶江水库在情景 CO - 2030 中 3 种典型洪水类别的最大水库水位中位线均超过了防洪高水位，说明基于常规调度的大部分典型洪水具有防洪风险。斧子口水库在上中游型洪水 1978 年典型洪水调度过程中，水库最大水位高达 268.97m，占据防洪库容高达 $8.0\times10^6 m^3$。小溶江水库在全流域型洪水 1996 年典型洪水调度过程中，水库最大水位为 268.24m，占据防洪库容 $2.0\times10^6 m^3$。结果表明大藤峡、斧子口和小溶江水库常规调度无法有效削减洪水，为未来可能出现的洪水提供防洪库容，因此需要通过水库群联合优化调度有效削减洪峰，为未来可能发生的大洪水提供防洪库容。

4.3.4 防洪断面对比

图 4.10 展示了中下游型 1998 年典型洪水在 3 种调度情景下梧州断面调蓄后流量对比图。1998 年典型洪水梧州断面最大天然流量为 $52900m^3/s$，远远超过了梧州断面安全流量 $41200m^3/s$。情景 CO - SQY 中，现有 4 个水库（百色、老口、龙滩和青狮潭）常规调度能有效降低梧州最大流量至 $43290m^3/s$，但仍超过了梧州断面安全流量。情景 CO - 2030 中 10 个防洪水库常规调度和情景 FAD - 2030 中 10 个防洪水库洪水分类-聚合-分解优化调度规则能够分别降低梧州断面最大

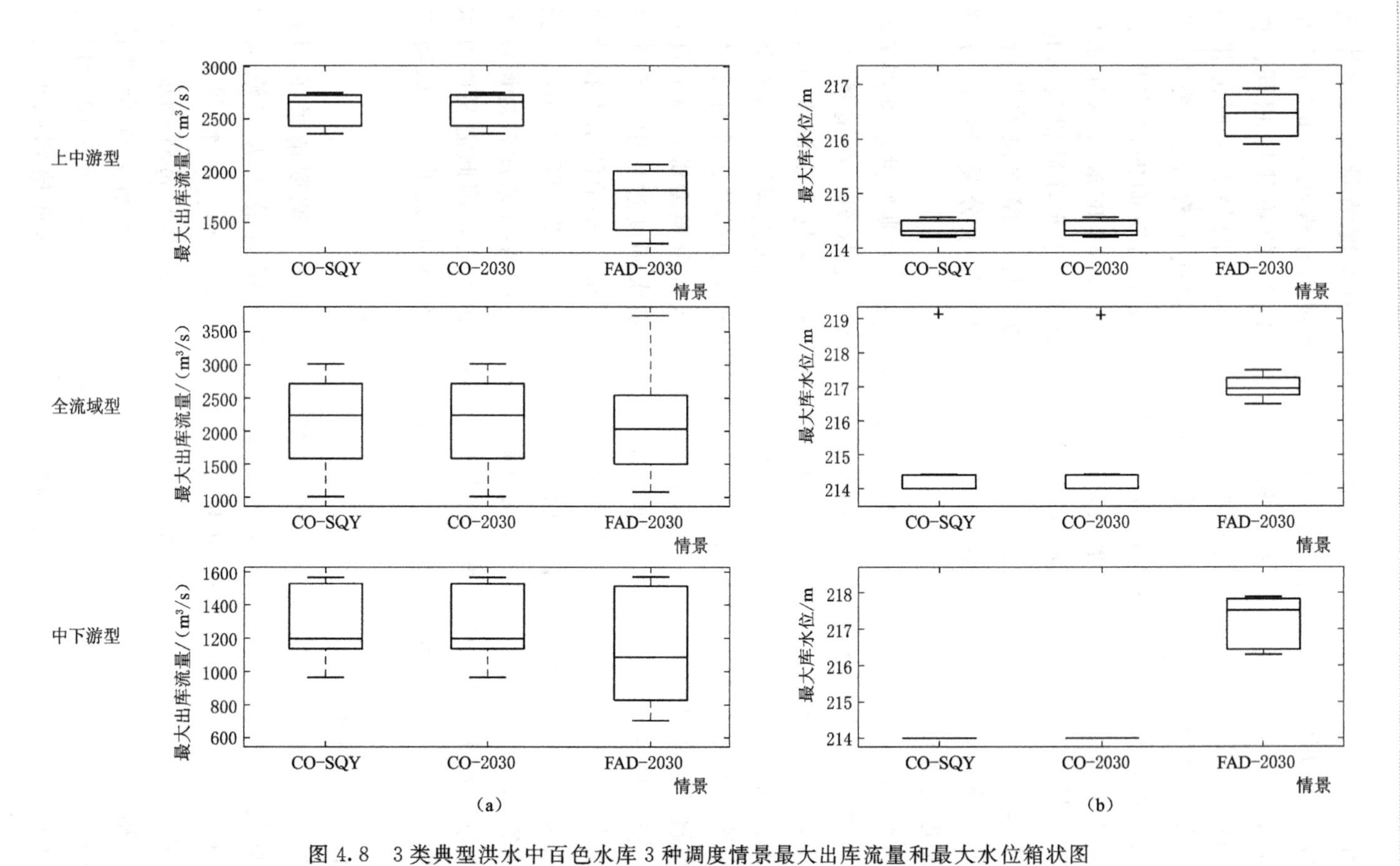

图4.8 3类典型洪水中百色水库3种调度情景最大出库流量和最大水位箱状图

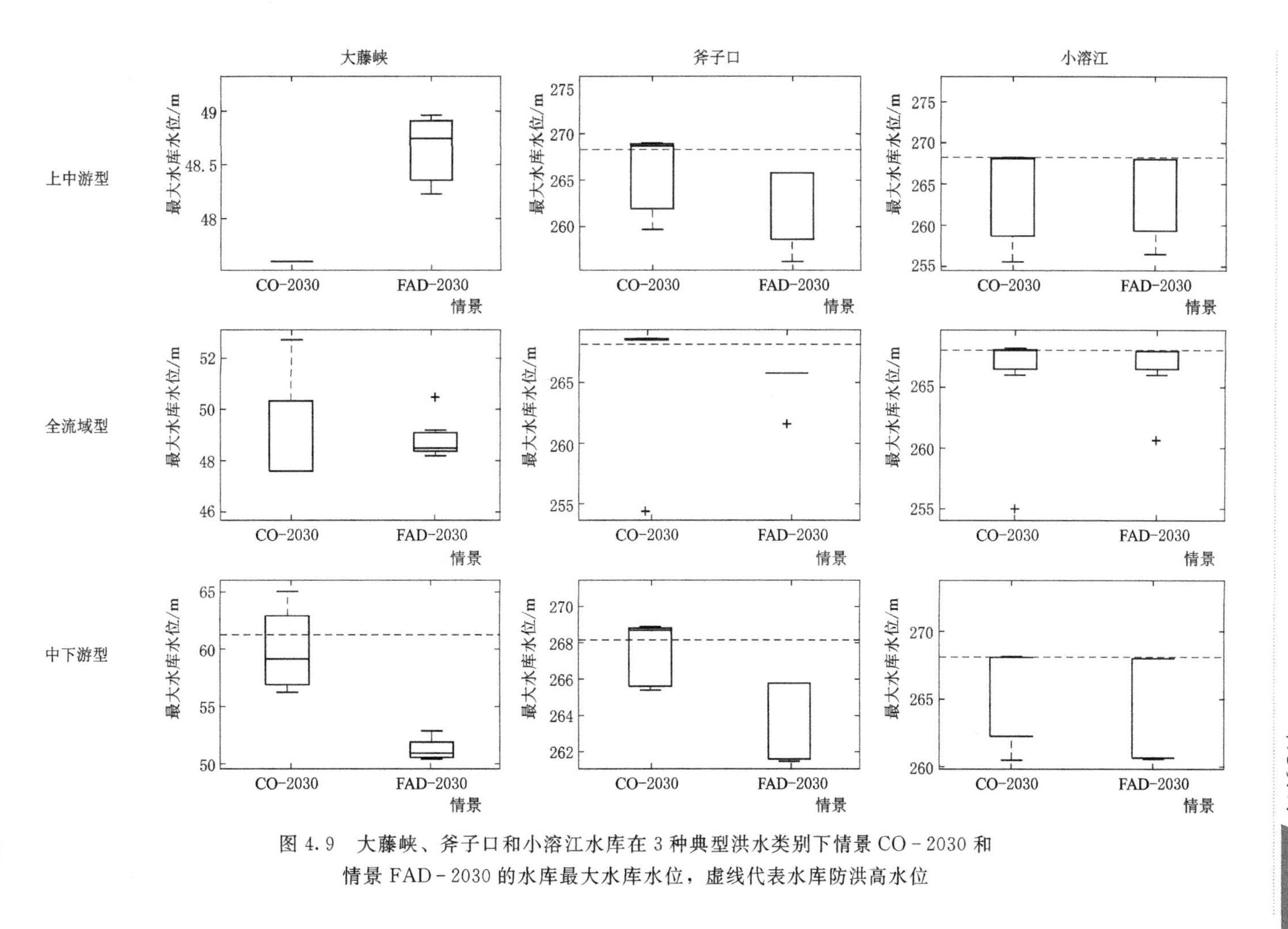

图 4.9 大藤峡、斧子口和小溶江水库在 3 种典型洪水类别下情景 CO－2030 和情景 FAD－2030 的水库最大水库水位，虚线代表水库防洪高水位

流量至40030m³/s和38720m³/s，均低于梧州断面安全流量。说明2030年10个水库的洪水分类-聚合-分解优化调度规则能够有效降低各防洪控制断面的防洪风险。

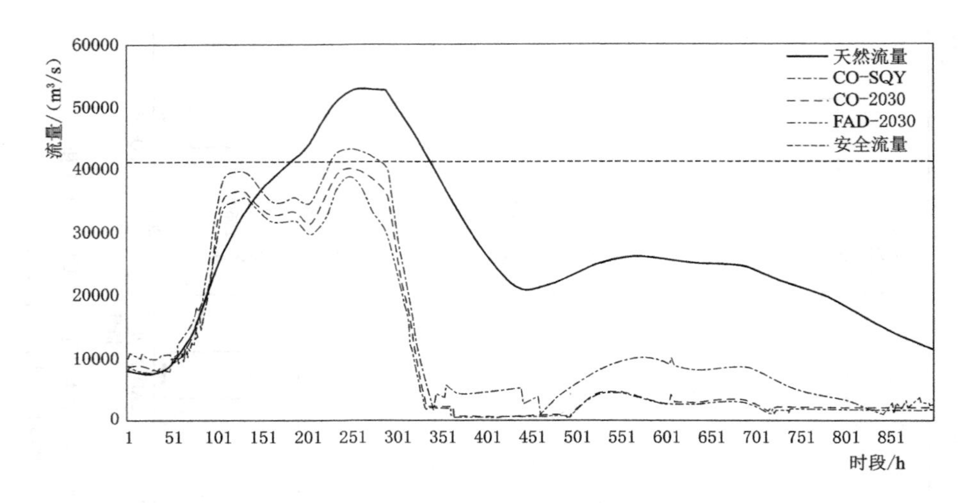

图4.10 中下游型1998年典型洪水在3种调度情景下梧州断面调蓄后流量对比图

图4.11表示3种典型洪水类别在3种调度情景下的6个防洪控制断面最大流量箱状图。情景FAD-2030最大流量中位线最低，接下来依次是情景CO-2030和情景CO-SQY。南宁断面和迁江断面在情景CO-SQY的箱状图与情景CO-2030的箱状图一致，原因在于南宁断面所在郁江和迁江断面所在红水河没有新建水库，因此常规调度结果一致。防洪控制断面最大流量中位线越低说明防洪控制断面防洪风险越小。南宁断面、迁江断面、武宣断面和柳州断面在3个情景下最大断面流量均低于安全流量，说明未造成防洪风险。基于上中游型洪水，南宁断面在情景FAD-2030的最大流量中位线高于情景CO-SQY和情景CO-2030，但仍低于安全流量。柳州断面在情景CO-SQY下3种洪水类别调度的最大流量中位线高于情景CO-2030和情景FAD-2030，原因在于现状年柳江无防洪水库。2030年洋溪和落久水库的修建和投入使用能够有效削减洪峰。此外，在3种情景中，情景FAD-2030的西江流域干流防洪控制断面梧州最大流量中位线最低。

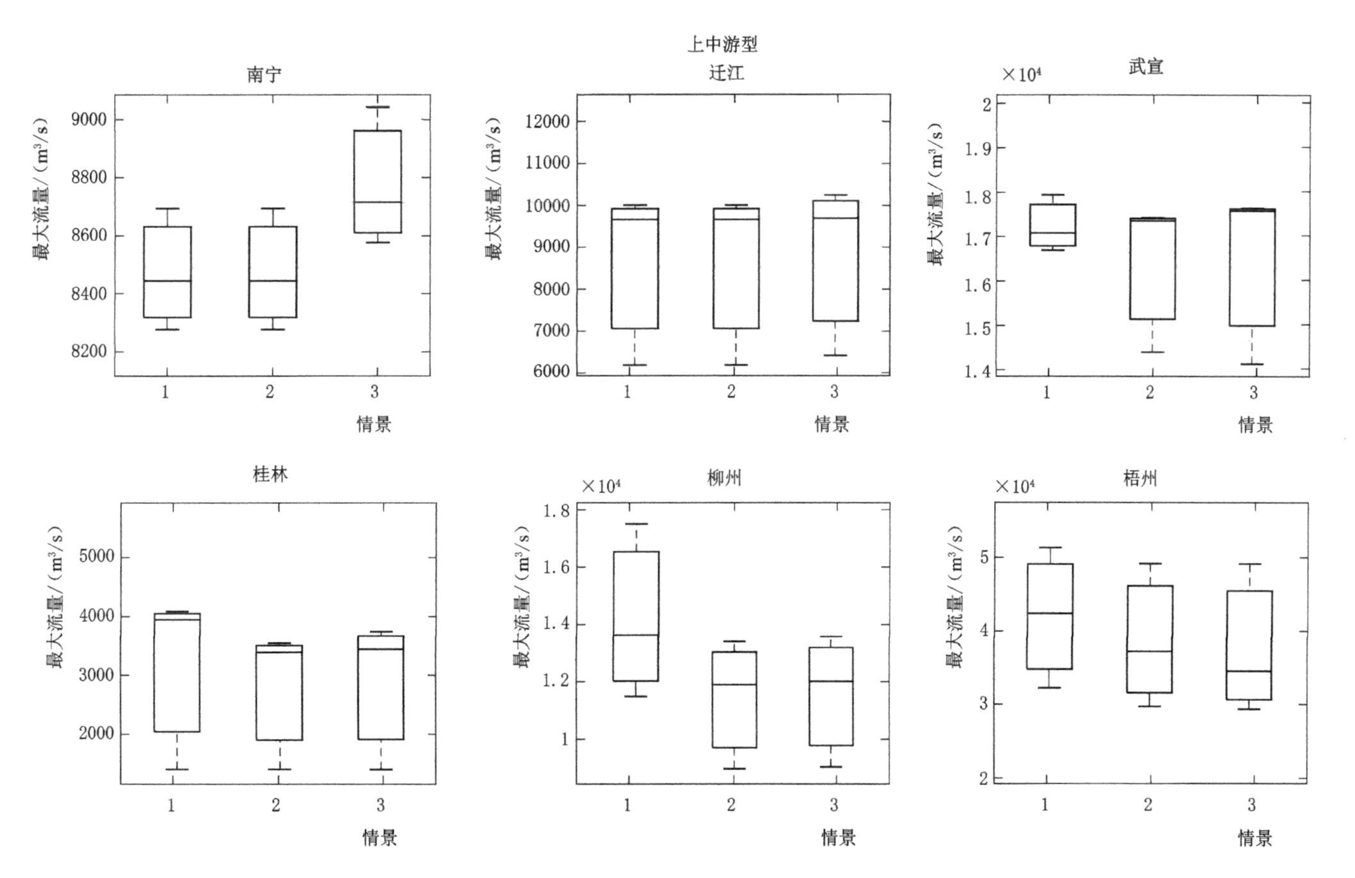

图 4.11（一） 3 种典型洪水类别在 3 种调度情景下的 6 个防洪控制断面最大流量箱状图

（情景 1—情景 CO-SQY；情景 2—情景 CO-2030；情景 3—情景 FAD-2030）

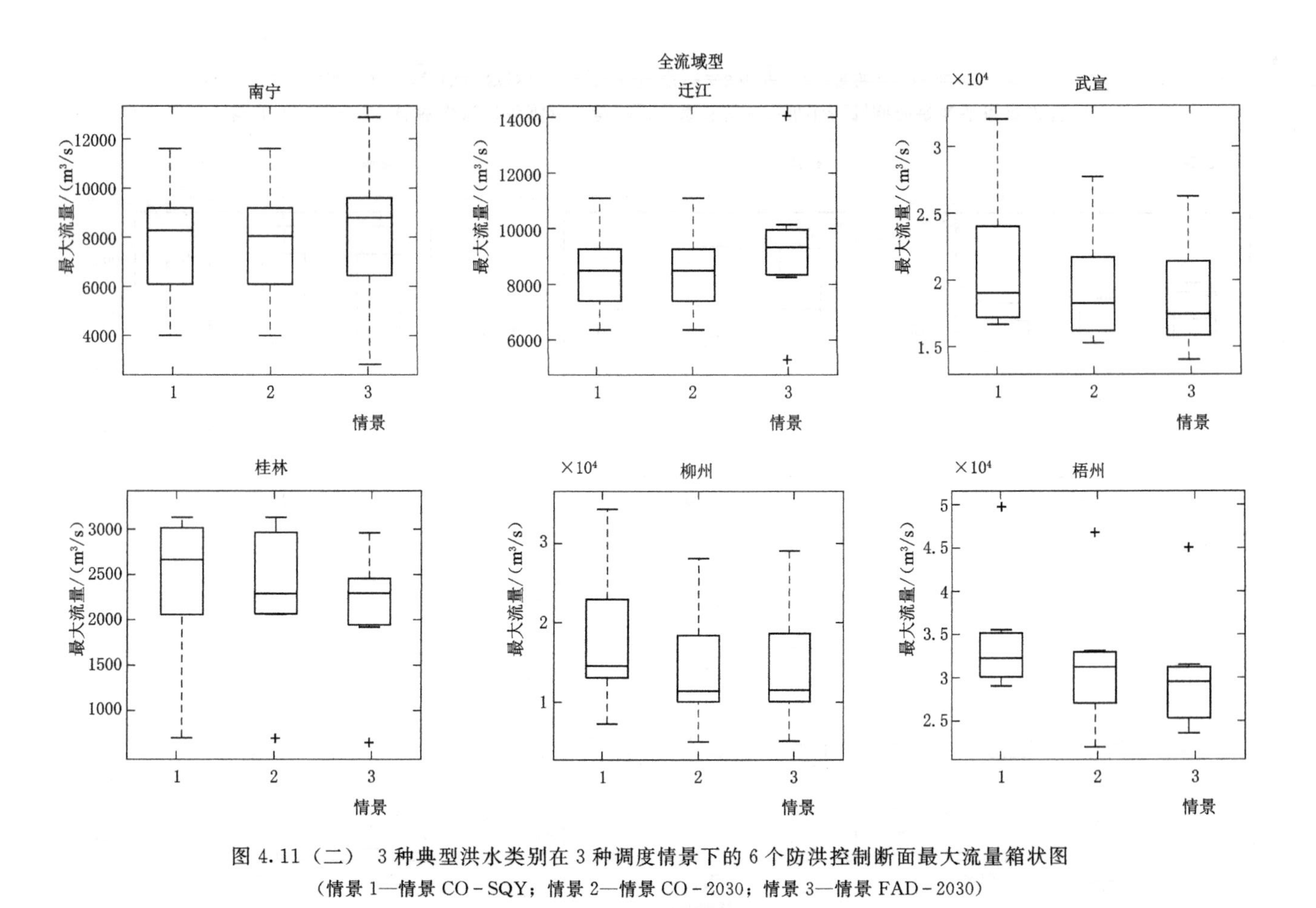

图 4.11（二） 3 种典型洪水类别在 3 种调度情景下的 6 个防洪控制断面最大流量箱状图

（情景 1—情景 CO-SQY；情景 2—情景 CO-2030；情景 3—情景 FAD-2030）

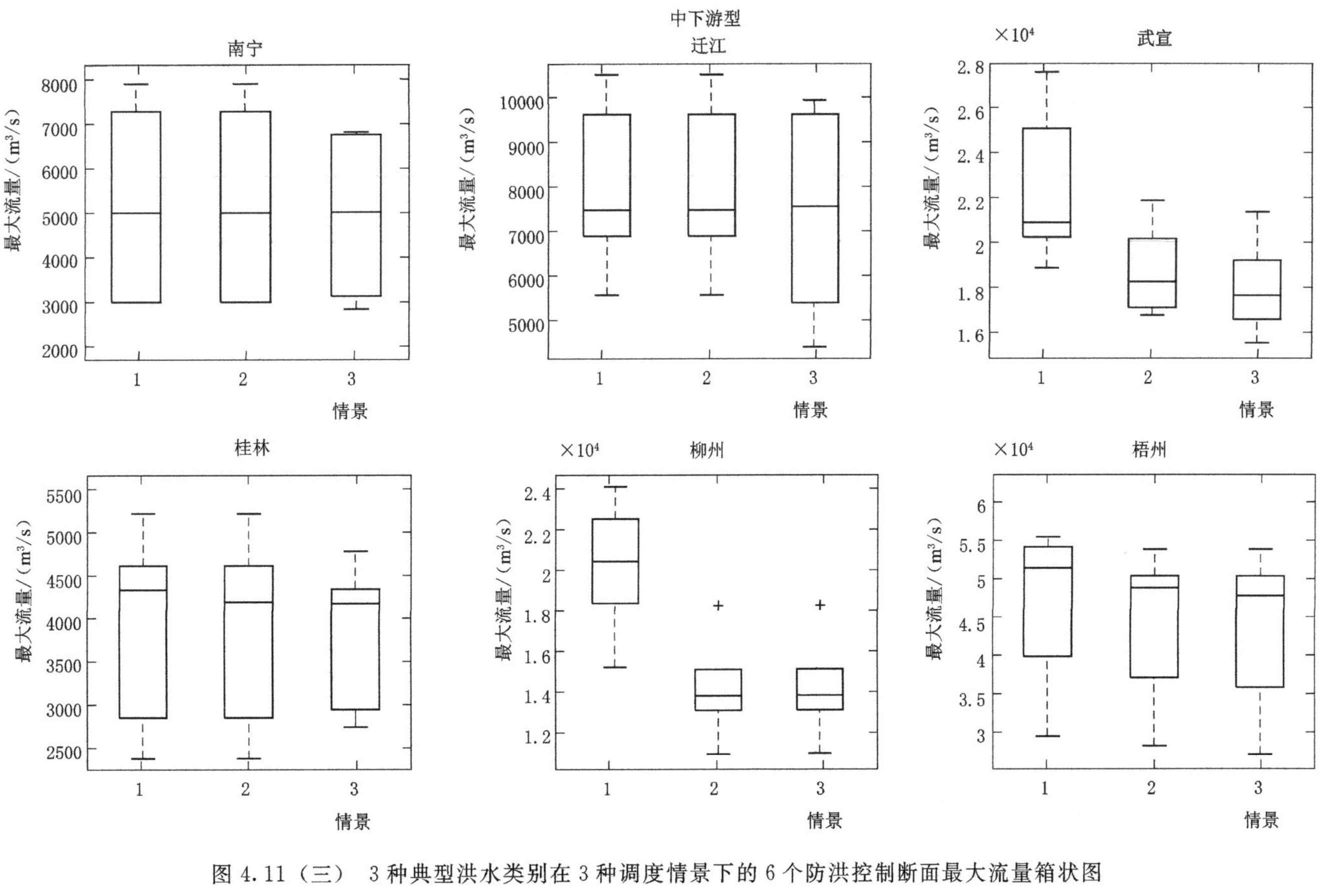

图 4.11（三） 3 种典型洪水类别在 3 种调度情景下的 6 个防洪控制断面最大流量箱状图
（情景 1—情景 CO-SQY；情景 2—情景 CO-2030；情景 3—情景 FAD-2030）

4.4 本章小结

本章基于洪水空间分布的不确定性，提出了洪水分类-聚合-分解防洪调度规则的提取方法，以西江流域水库群为例，进行了常规调度和优化调度的对比，结果证明了洪水分类-聚合-分解防洪调度规则能够有效降低水库防洪风险和流域干支流防洪控制断面洪灾损失，并得到了以下结论：

（1）耦合遗传算法的投影寻踪模型适合用于大流域洪水分类，探究大流域洪水空间分布不确定性，为大流域水库群联合防洪调度提供洪水多样性信息。西江流域典型洪水可分为3大类：上中游型、全流域型和中下游型。

（2）大系统聚合-分解模型能够避免流域水库群优化调度维数灾。聚合是将同一支流上的水库以水量为单位聚合成一个虚拟聚合水库，将多水库调度转化为单个虚拟聚合水库调度。分解是通过入库流量比值将虚拟聚合水库的总出库流量分解至各单一水库。

（3）情景FAD－2030对应的洪水分类-聚合-分解防洪优化调度规则在3种洪水类别中表现优于情景CO－SQY和情景CO－2030。情景FAD－2030对应的洪水分类-聚合-分解规则既考虑了洪水空间分布的不确定性，还考虑了西江流域干流和支流洪灾损失之间的相互竞争关系。情景CO－SQY和情景CO－2030中常规调度只考虑了水库自身以及下游防洪控制断面洪灾损失。

第 5 章

水库群中长期多目标联合优化调度高效求解技术

5.1 引言

单水库确定性优化调度模型可通过 DP、DDDP、POA 等进行求解。但当流域水库数量增多，水库群中长期确定性优化调度模型复杂度增加，存在维数灾，难以直接进行求解，常通过水库群中长期优化调度规则进行调度。此外，水库群中长期优化调度需满足社会各类需求，如供水、防洪、发电、生态、航运等，须兼顾相互竞争的各项用水需求，因此水库群中长期优化调度属于多目标优化模型。大系统水库群中长期优化调度模型中，水库数量多，各用水点与需水点关系复杂，模型模拟耗时。因此，维数灾、多目标以及模型模拟耗时这 3 大问题是大系统水库群中长期联合优化调度亟待解决的 3 大难题。

针对大系统水库群中长期联合优化调度维数灾问题，常用 PSO 方法提取水库群中长期联合优化调度规则。首先设定水库群中长期调度规则形式，再通过优化算法优化确定调度规则参数。由于大系统水库群中长期调度规则参数众多，因此采用参数综合降维技术来解决维数灾问题。参数综合降维技术包括两大部分：大系统聚合分解方法和敏感性分析。大系统聚合分解方法通常包括两大步骤：聚合和分解，从水库结构上进行降维。聚合是指将多个水库以水量或电量为单位聚合成一个虚拟聚合水库，并对虚拟聚合水库设定相应调度规则，从而将多水库联合调度转化为一个虚拟聚合水库调度；分解是指将虚拟聚合水库总输出分解至所有单水库。敏感性分析方法常被用于水文模型，通过敏感性分析方法筛选出敏感参数，其他不敏感参数直接设定为默认值，不需进行优化。在虚拟聚合水库调度规则参数中，通过敏感性分析方法筛选出敏感参数，从参数上进行降维。

针对大系统水库群中长期多目标联合优化调度模型，常用带精英策略的快速非支配排序遗传算法（Non - dominated Sorting Genetic Algorithm Ⅱ，NSGA Ⅱ）等进行求解。多目标智能算法通过多次模型模拟优化搜索确定多目标 Pareto 前沿，效率低，难以快速得到较好的多目标 Pareto 前沿，因此引进了定向带精英策略的快速非支配排序遗传算法。

针对大系统水库群中长期优化调度模拟耗时问题，引进自适应替代模型（Adaptive surrogate model）。替代模型是指通过高斯曲面等数学形式代替真实物理模拟过程，可有效提高模型模拟效率。耦合优化算法形成自适应替代模型来优化物理模型参数，避免过拟合现象。

大系统水库群中长期多目标优化调度高效求解技术框架图如图 5.1 所

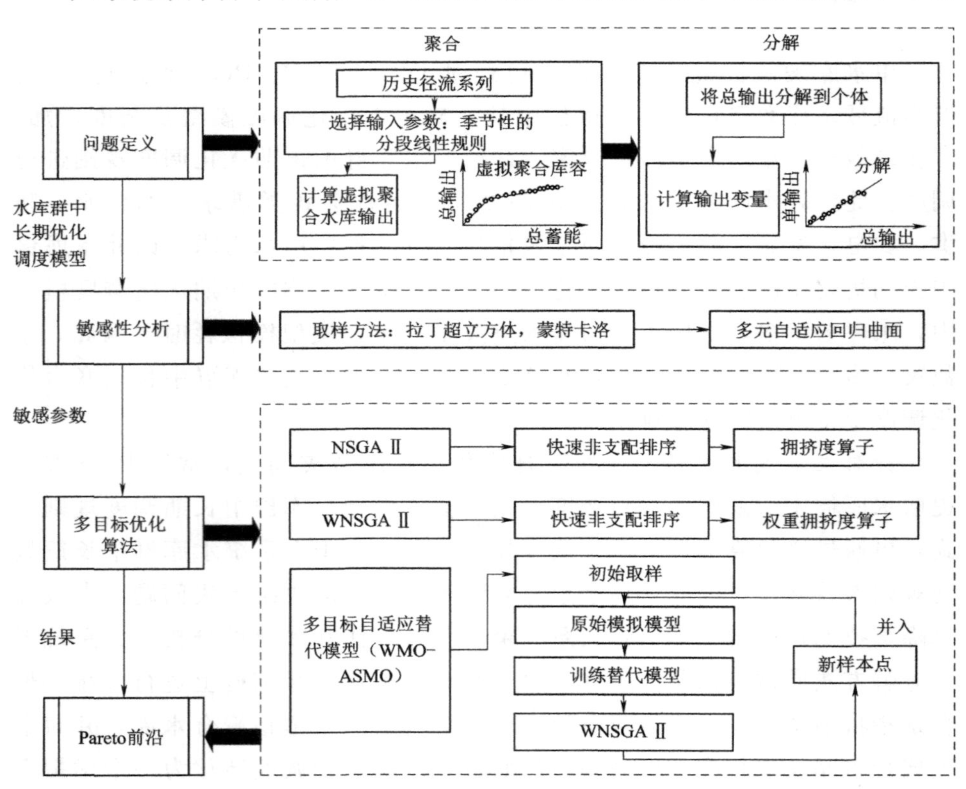

图 5.1 大系统水库群中长期多目标联合优化调度高效求解技术框架图

示。参数综合降维技术包括聚合分解和敏感性分析两部分。定向多目标快速非支配排序遗传算法（Weighted Non - dominated Sorting Genetic Algorithm Ⅱ，WNSGA Ⅱ）主要是通过权重拥挤度算子代替 NSGA Ⅱ中拥挤度算子。自适应替代模型是耦合优化算法，通过高斯曲面代替水库群中长期调度模型模拟过程。本书通过对比 3 种多目标优化算法：传统带精英策略的快速支配排序遗传算法（NSGA Ⅱ）、定向带精英策略的快速非支配排序遗传算法（WNSGA Ⅱ）以及多目标定向自适应替代模型优化算法（Weighted Mult - Objective Adaptive Surrogate Model Optimization，WMO - ASMO），最后通过 Pareto 前沿搜索效率和优化效果对比确定 3 种优化算法优缺点。

5.2 参数综合降维技术

参数综合降维技术包括聚合分解和敏感性分析两部分。流域支流众多，各支流上水库众多，同一支流上水库来流特性相近，可将同一支流上水库群聚合成一个虚拟聚合水库，对虚拟聚合水库设定分段线性调度规则，再将虚拟聚合水库总输出分解至各单一水库，此为大系统聚合分解方法。此外，由于各支流上水库均聚合成一虚拟聚合水库，因此存在一系列相应分段线性调度规则参数，可通过敏感性分析方法，筛选出敏感参数，进一步降低参数维度。

5.2.1 聚合分解

基于大系统聚合分解思想，聚合是将同一支流上的水库以能量为单位进行聚合，得到一个虚拟聚合水库，对虚拟聚合水库设定中长期联合分段线性调度规则；分解是将虚拟聚合水库的实际总出力按照水库装机容量比例分解至各单一水库。

1. 聚合模型

针对多支流多水库的大流域，可对不同支流水库群分别进行聚合，将某一支流上水库群聚合为一个虚拟聚合水库。聚合方式以能量形式进行聚合，能量包括库容潜在能量（出力）和入库潜在能量（出力）两部分。库容潜在能量（Storage Potential Energy，SPE）是指水库现有水量（除去死库容后）所能产生的能量，即发电量，同样需要计算梯级水库群中上游水库现有水量在下游水库产生的能量（发电量），计算公式如式（5 - 1）

所示。入库潜在能量（Inflow Potential Energy，IPE）是指入库流量和区间入流能够产生的能量（发电量），如式（5-2）所示：

$$SPE(t)=\sum_{n=1}^{N}\left[K_n\left(\sum_{i=1}^{n}\int_{V_i^0}^{V_i(t)}H_n(v)dv\right)\right] \tag{5-1}$$

$$IPE(t)=\begin{cases}K_1I_1(t)H_1(t)\Delta t & N=1\\ K_1I_1(t)H_1(t)\Delta t+\sum_{n=2}^{N}\left\{K_n\Delta t\left[\sum_{i=2}^{n}\left[I_{i,in}(t)H_n(t)\right]\right]\right\} & N\geqslant 2\end{cases} \tag{5-2}$$

式中：H_n 为水库 n 的水头，由水库泄流-库容曲线确定；K_n 为发电水库的效率系数；N 为虚拟聚合水库的水库个数；$I_1(t)$ 为龙头水库在时刻 t 的入库流量；$I_{i,in}(t)$ 为上下游水库在时刻 t 的区间入流；Δt 为时间间隔。由于线性调度函数简洁明了、易于实施，本次研究采用分段线性曲线作为虚拟聚合水库中长期调度规则，“聚合水库”的调度规则曲线可分为两段或三段，如图 5.2 所示，t 时刻潜在总能量（Total Potential Energy，TPE），又称潜在总出力，由库容潜在能量 SPE 和入库潜在能量 IPE 两部分组成：

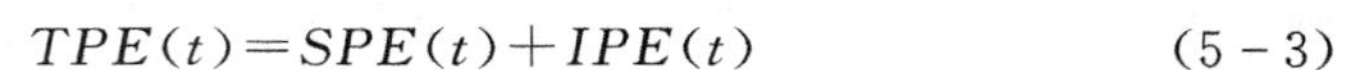

$$TPE(t)=SPE(t)+IPE(t) \tag{5-3}$$

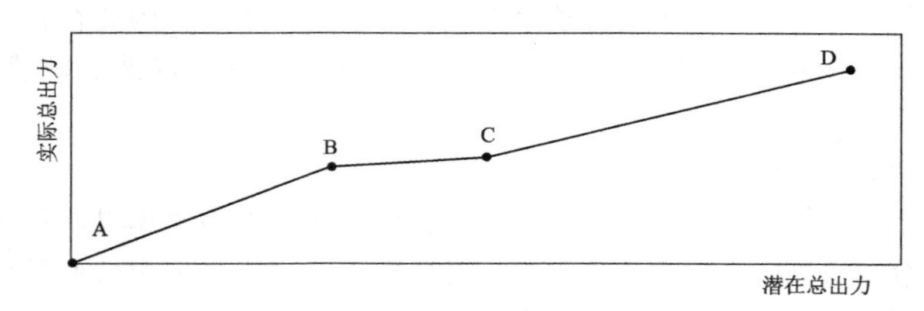

图 5.2 虚拟聚合水库中长期调度规则（单位：MW）

由图 5.2 可知，当调度函数的参数即 A、B、C、D 4 点（或 3 点）横纵坐标确定时，调度函数随之确定。当前时刻虚拟聚合水库的潜在总出力与实际总出力存在一一对应的关系，求得当前时刻潜在总出力即可确定“虚拟聚合水库”的实际总出力：

$$TP_t^*=f(TPE)=\begin{cases}a_1TPE_t+b_1 & 0<TPE_t\leqslant TPE_B\\ a_2TPE_t+b_2 & TPE_B<TPE_t\leqslant TPE_C\\ a_3TPE_t+b_3 & TPE_C<TPE_t\end{cases} \tag{5-4}$$

式中：TP_t^* 为 t 时段聚合水库实际总出力；$f(TPE)$ 为总潜在能量与总输出的函数关系，即调度函数。

2. 分解模型

通过聚合模型，得到聚合水库实际总出力后，需要将其分解至各个单一水库。在分解阶段，可根据各水库装机容量比例分解总出力输出，确定单一水库出力，即：

$$P_{t,j} = TP_t^* N_j / \sum_{j=1}^{m} N_j \tag{5-5}$$

式中：$P_{t,j}$ 为 t 时段 j 水库出力；N_j 为 j 水库装机容量；m 为虚拟聚合水库对应的水库个数。

5.2.2 敏感性分析

敏感性分析（Sensitivity Analysis），又名灵敏度分析，可以衡量模型输入对输出影响。假设模型为 $y=f(x_1, x_2, \cdots\cdots, x_{n-1}, x_n)$，敏感性分析方法则是分析模型参数 x_i 在取值范围内变动对模型输出值的影响程度，影响程度大小则定义为参数的敏感性系数。敏感性系数越大，说明该模型参数越敏感。敏感性分析核心目的在于通过找出对模型输出影响较大的参数，即敏感参数，从而将模型所有参数优化问题转变为模型敏感参数优化问题，大大降低模型维度。针对敏感性分析方法分析形式，可分为局部敏感性分析方法和全局敏感性分析方法。局部敏感性分析方法是指分析单个模型参数对模型输出的影响，全局敏感性分析是指分析多个模型参数对模型输出的影响。针对敏感性分析方法分析结果，可分为定量敏感性分析和定性敏感性分析。定量敏感性分析是指定量分析模型参数敏感程度，定性敏感性分析是指定性分析确定模型敏感性参数。

常用的敏感性分析方法包括多元自适应回归样条方法（Multivariate Adaptive Regression Splines，MARS），Morris 方法，Sobol’方法等。MARS 是由美国统计学家 Friedman（1991）提出的多维变量数据分析方法，该方法不需特定假设模型形式，以样条函数的张量积作为基函数，分为前向过程、后向剪枝过程两个步骤（Li et al.，2013）。在前向过程中，自适应选取节点对数据进行分割，每选取一个节点产生两个新的基函数，前向过程结束后可产生一个过拟合模型。后向剪枝则可在保证模型准确度的前提下，删除过拟合模型中对模型贡献度小的基函数，选取最优模型作为回归模型，较人工神经网络、多元回归和高斯过程具有显著优势（Gan et al.，2014)。广义交叉检验参数（Generalized cross - validation）可以用来衡量参数敏感程度，定义如下：

$$GCV(S)=\frac{1}{N}\frac{\sum_{i=1}^{N}(Y_i-\hat{Y}_i)^2}{\left[1-\frac{C(S)}{N}\right]^2} \tag{5-6}$$

式中：Y_i 为第 i 个观测值；$\hat{Y}_i$ 为第 i 个估计值；N 为观测值个数；$C(S)=1+c(S)d$，为有效参数个数，d 为有效参数自由度，$c(S)$ 为基本函数惩罚项；GCV 指标大小代表参数敏感程度，GCV 指标越大表示该模型参数越敏感。

5.3 水库群优化调度模型

大系统水库群联合优化调度模型有两个目标，提高水库群发电量和降低生态破坏量，即最大化水库群年均发电量和最小化生态破坏因子。第一个目标函数为最大化年均发电量，目标函数定义如式（5-7）所示：

$$\max E^* \Leftrightarrow \max\left\{\sum_{n=1}^{N}\sum_{t=1}^{T}E_n(t)/T\right\} \tag{5-7}$$

式中：E^* 为年均发电量；$E_n(t)$ 为水库 n 在时刻 t 的发电量；N，T 分别为水库个数和时段数。

第二个目标函数是最小化生态破坏因子，生态破坏因子定义为生态断面上生态流量的破坏时段数和最大破坏深度的均值和，计算公式如式（5-8）所示：

$$\min(EC^*)\Leftrightarrow \min\left\{\sum_{m=1}^{M}\sum_{t=1}^{T}NT_m(t)/T+\sum_{m=1}^{M}\frac{DP_m}{Q_m^{EC}}\right\} \tag{5-8}$$

式中：EC^* 为生态破坏因子；$NT_m(t)$ 为生态断面 m 在时刻 t 是否被破坏，当断面流量低于生态流量时，代表断面发生生态破坏，等于1，否则等于0；Q_m^{EC} 为生态断面 m 的生态流量，m^3/s；DP_m 为生态断面 m 的最大破坏深度，m^3/s；M 为生态断面个数。

大系统水库群多目标联合优化调度模型约束条件包括水量平衡约束、水库水位约束、下泄流量约束、出力约束和边界条件约束，具体如式（5-

9)～式（5－14）所示：

$$\frac{I_n(t)+I_n(t+1)}{2}\Delta t-\frac{R_n(t)+R_n(t+1)}{2}\Delta t=V_n(t+1)-V_n(t) \tag{5-9}$$

$$Z_{n,\min}\leqslant Z_n(t)\leqslant Z_{n,\max} \tag{5-10}$$

$$R_{n,\min}(t)\leqslant R_n(t)\leqslant R_{n,\max}(t) \tag{5-11}$$

$$I_{n+1}(t)=R_n(t)+I_{n+1,in}(t) \tag{5-12}$$

$$PL_n(t)\leqslant P_n(t)\leqslant PU_n(t) \tag{5-13}$$

$$Z_{n,1}=Z_{n,init} \tag{5-14}$$

式中：$R_n(t)$ 为水库 n 在时刻 t 的出库流量；$Z_{n,\max}$，$Z_{n,\min}$ 分别为水库 n 的最大允许水库水位和最小允许水库水位；$R_{n,\max}(t)$，$R_{n,\min}(t)$ 分别为水库 n 在时刻 t 的最大出库流量和最小出库流量，与水库泄洪道有关；$P_n(t)$ 为水库 n 在时刻 t 的发电量；$PL_n(t)$，$PU_n(t)$ 分别为水库 n 在时刻 t 的最小和最大发电量；$Z_{n,init}$ 为水库 n 初始水位；忽略水库蒸散发对应的水量损失。

5.4 定向多目标快速非支配排序遗传算法

NSGAⅡ是 Deb 等（2002）提出的多目标遗传算法，已被广泛应用于多目标优化问题，是常用的多目标优化算法之一。主要包括快速非支配排序和拥挤度算子两部分。快速非支配排序主要确定 Pareto 序列，序列越靠前代表 Pareto 点越优，如图 5.3（a）所示，若优化问题为两目标最小化，则 Pareto 排序 1 要优于 Pareto 排序 2 和排序 3。拥挤度算子则用来比较同一序列不同 Pareto 点的优劣性，拥挤度算子计算公式如下：

$$i_d=\sum_{j=1}^{M}|f_j^{i+1}-f_j^{i-1}| \tag{5-15}$$

式中：i_d 为 Pareto 解 i 的拥挤度算子；f_j^{i+1}，f_j^{i-1} 为 Pareto 解 $i+1$ 和 $i-1$ 的第 j 个目标函数值。拥挤度算子越大，代表相应 Pareto 解具有更好的代表性和重要性，则更容易被选入 Pareto 前沿。如图 5.3（a）中 P_1 表现最好，P_3 表现最差。

WNSGAⅡ（Gong 等，2015）是对 NSGA Ⅱ传统拥挤度算子计算方式进行改进。如图 5.3（b）所示，默认参数模拟目标函数值设定为参考点，对于两目标优化问题，参考点可将区域划分为 4 个小区域。若研究问题为两目标最小化问题，区域 1 为参考点非支配区域，区域 4 为参考点支配区域，区域 3 和区域 2 分别为参考点在目标 1 和目标 2 的支配区域。通过引入权重因子，对支配区域 2，区域 3，区域 4 中的 Pareto 解拥挤度算子进行人为调整，将区域 2 和区域 3 中 Pareto 解拥挤度算子分别乘以权重 δ($0<\delta<1$，$\delta=0.001$)，将区域 4 中 Pareto 解拥挤度算子乘以权重 δ^2，使之变成权重拥挤度算子，人为提高非支配区域 Pareto 解拥挤度算子，降低支配区域非劣解拥挤度算子。定向多目标快速非支配排序遗传算法通过权重拥挤度算子引导搜索方向，从而提高非支配区域 Pareto 前沿搜索效率。

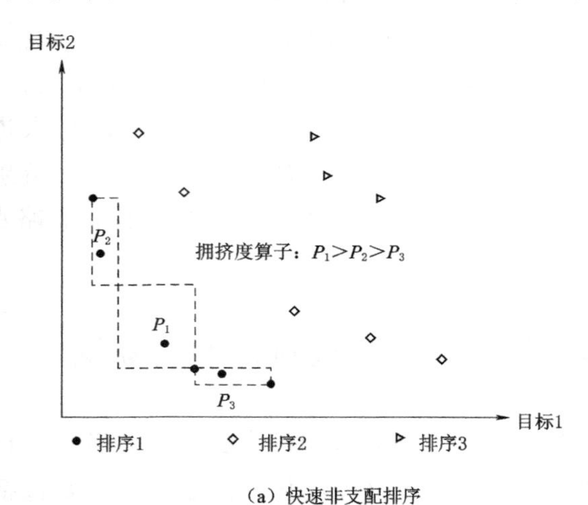

(a) 快速非支配排序

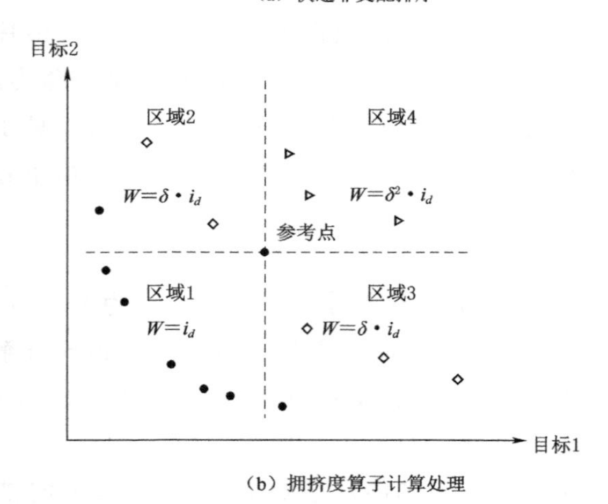

(b) 拥挤度算子计算处理

图 5.3 定向多目标快速非支配排序遗传算法详情图

5.5 定向多目标自适应替代模型优化算法

针对原始物理模型模拟耗时问题，常建立原始物理模型输入变量和目标函数的响应曲面，即替代模型（Surrogate model）。替代模型是通过模型输入和模型输出建立起来的数学关系，在一定程度上通过数值关系描述复杂的物理关系，比复杂原始物理模型省时。若只采用替代模型代替原始物理模型进行优化，易陷入局部最优解，出现过拟合现象，因此引入自适应替代模型，耦合优化算法，从而将替代模型应用于耗时的物理模型参数优化。

定向多目标自适应替代模型优化算法框架如图 5.4 所示。首先建立实际物理模型，确定输入（参数 P）和输出（目标函数 O）一一对应关系，并设定初始样本量 Z_0，通过原始物理模型模拟得到初始样本 $Z_0 \times P$ 对应的模型真实输出 $Z_0 \times O$。建立响应曲面，即训练替代模型。耦合 WNSGA Ⅱ，得到替代模型的 Pareto 前沿 $T_{pop} \times P$。在 Pareto 前沿上选取一定比例的 Pareto 解（20%）作为新样本，输入原始物理模型，得到新样本真实输出，并入初始样本，扩大替代模型训练样本大小，得到模型输入 $Z_1 \times P(Z_1 = Z_0 + 20\% \times T_{pop})$ 和真实输出 $Z_1 \times O$。再次训练替代模型，使之更好地描述物理模型的真实过程，不断扩大训练替代模型样本点，从而在提高替代模型精度时，也实现了原始物理模型参数优化。自适应替代模型使得响应曲面逐步逼近真实响应曲面，从而可以寻求全局最优点。

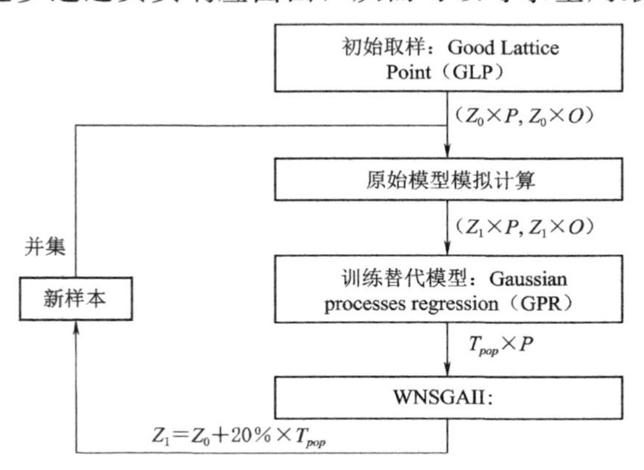

图 5.4 定向多目标自适应替代模型优化算法框架图

5.5.1 取样方法

取样在优化问题中必不可少，但采样方法繁多，如常用的蒙特卡洛抽样（Monte Carlo，MC）、拉定超立方体抽样（Latin Hypercube，LH）、好格子点法（Good Lattice Points，GLP）等。去相关的排序施密特好格子点法（GLP with ranked Gram - Schmidt de - correlation）经过实验被证实表现最优，因此在本研究选用 GLP 作为多目标自适应替代模型优化算法的取样方法。

好格子点法是由 Korobov（1959）提出来用来产生好格子系列点 $Z_0 \times P$ 的方法，产生过程如下所示：

$$\begin{cases} q_{ki} = kh_i(\text{mod}Z_0) \\ x_{ki} = (2q_{ki} - 1)/Z_0 \end{cases}, k=1,\cdots,Z_0; i=1,\cdots\cdots,P \tag{5-16}$$

式中：$(Z_0:h_1,\cdots,h_P)=(a^0,\cdots,a^{Z_0-1})(\text{mod}Z_0)$为有效向量；并且 a 满足：①$1<a<Z_0$；②a、Z_0 最大公约数为 1；③h_1，…，h_P 互不相同；④$a^{t+1}=1(\text{mod}Z_0)$，$t \geqslant s-1$。

5.5.2 替代模型

水资源领域常用替代模型包括人工神经网络（Artificial Neural Network，ANN）、响应曲面法（Response Surface Methodology，RSM）和支持向量机（Support Vector Machine，SVM）高斯过程回归（Gaussian Process Regression，GPR）等。GPR 常用于高维度、小样本非线性回归问题。针对不同的目标函数建立不同的高斯回归过程。假设有一个非线性的回归模型如下：

$$y=f(x)+\varepsilon \tag{5-17}$$

式中：x，y 分别为输入参数和输出参数；高斯噪声服从正态分布 $\varepsilon \sim N(0, \sigma_{Z_0}^2)$。高斯过程为 $f(x)=GP[m(x),k(x,x')]$，其中两组输入向量的均值 $m(x)$ 和协方差函数 $k(x, x')$ 具体计算如下：

$$\begin{cases} m(x)=E[f(x)] \\ k(x,x')=E\{[f(x)-m(x)][f(x')-m(x')]\}' \end{cases} \tag{5-18}$$

联合高斯分布可用来训练高斯过程回归，预测输入和输出，具体形式如下：

$$\begin{bmatrix} y \\ f_* \end{bmatrix} \sim N\left(0, \begin{bmatrix} K(X,X)+\sigma_{Z_0}^2 I & K(X,X_*) \\ K(X_*,X) & K(X_*,X_*) \end{bmatrix}\right) \tag{5-19}$$

式中：X，y 为输入和输出矩阵；X_* 为预测输入矩阵，如用来检测高斯过程回归替代模型的样本；f_* 为预测输出向量。

5.6 研究实例

西江流域水库群现有 10 个水库，包括郁江上那板、威后、洞巴、百色、浩坤和澄碧河，红水河上天生桥、龙滩和岩滩和桂江上青狮潭水库，这些水库均为综合水库，相应西江流域水库群基本信息见表 5.1。西江流域有 26 个无调节功能的径流式电站，3 个航运枢纽（那吉、金鸡滩和贵港），2 个生态站点（桂林和梧州），相应西江流域航运枢纽和生态断面流量需求见表 5.2。西江流域水库群联合综合优化调度目标为年均发电量最大和生态破坏因子最小。航运枢纽最低流量是水库群综合调度约束条件。西江流域长达 55 年旬尺度径流数据（1955—2008 年）是西江流域水库群综合调度相应水文流量数据，被用于西江流域水库群综合优化调度。

西江流域水库群常规调度常规调度规则是由设计部门在水库规划阶段设定，未考虑水库群联合调度，因此需要提取西江流域水库群联合调度规则。西江流域水库群常规调度模拟结果设定为西江流域水库群联合优化调度参考点，常规调度对应两个目标函数值分别是年均发电量为 5226.61 亿 kW·h，生态破坏因子为 1.908。

表 5.1　　西江流域水库群基本信息表

河流	水利枢纽	水库调节性能	总库容 /$10^4 m^3$	死水位 /m	正常蓄水位 /m	装机容量 /MW	保证出力 /MW	设计水头 /m
郁江	那板	多年调节	83200.0	206.5	220.57	12.6	3.68	30.50
	威后	年调节	13333.5	654.5	685.00	32.0	25.60	96.34
	洞巴	不完全年	32200.0	415.0	448.00	72.0	22.80	74.00
	百色	年调节	566000.0	203.0	228.00	540.0	123.00	88.00
	浩坤	季调节	32400.0	350.0	365.00	25.5	20.40	56.00
	澄碧河	多年调节	112100.0	167.0	185.00	30.0	10	49.50

续表

河流	水利枢纽	水库调节性能	总库容 /$10^4 m^3$	死水位 /m	正常蓄水位 /m	装机容量 /MW	保证出力 /MW	设计水头 /m
红水河	天生桥	不完全多年调节	1026000.0	731.0	780.00	2520.0	683.38	110.70
	龙滩	周调节	1620000.0	330.0	375.00	4200.0	1234.00	125.00
	岩滩	不完全年	343000.0	212.0	223.00	1810.0	666.50	59.40
桂江	青狮潭	多年调节	60000.0	204.0	225.00	17.8	4.60	30.50

表5.2　西江流域航运枢纽和生态断面流量需求

站点	类型	最低流量/(m^3/s)
那吉	航运	140
贵港	航运	200
金鸡滩	航运	184
桂林	生态	30
梧州	生态	2000

5.6.1 优化调度规则敏感参数

西江流域水库群联合调度规则为分段线性调度规则，假设每个水库每个季度均设定相应分段线性调度规则，由于每个分段线性调度规则有4个参数，则西江流域10个水库4个季度共有160个参数。由于参数太多难以优化，因此采用参数综合降维技术进行处理。首先是聚合分解，对同一支流上所有水库进行聚合分解，由于10个水库分别位于郁江、红水河和桂江，采用聚合方式按照支流分别聚合成3个虚拟聚合水库，由于每个虚拟聚合水库每个季度均有4个参数，共有48个参数，西江流域水库群联合综合优化调度规则参数见表5.3，通过聚合分解将160个参数降维至48个参数。接下来采用敏感性分析方法MARS，通过GCV数值高低判断参数敏感程度。通过敏感性分析可筛选出48个参数中的敏感参数，为了降低抽样方法和样本容量大小对敏感性分析结果的影响，抽样方法分别选用LH和MC，样本容量分别选用400和1000。

基于不同抽样方法和不同样本大小，MARS分别筛选出年均发电量最大和生态破坏因子最小两个目标函数相应敏感参数以及相应敏感程度。年均发电量最大为目标函数的MARS敏感性分析结果如图5.5所示。不同取样方法但样本容量均为1000时，年均发电量对应的敏感参数几乎相同，为 P5、P6、P7、P8、P9、P10、P11、P12、P17，只有 P13 和 P18 分别被 LH 和 MC 筛选为敏感参数。当样本大小为 400 时，除了相同的敏感参数，P14 和 P18 分别被 LH 和 MC 筛选为敏感参数。因此，P5、P6、P7、P8、P9、P10、P11、P12、P17 和 P18 被选为年均发电量的敏感参数。

表 5.3　西江流域水库群联合综合优化调度规则参数

1	YSpx1	郁江春季	17	HSpx1	红水河春季	33	GSpx1	桂江春季
2	YSpy1		18	HSpy1		34	GSpy1	
3	YSpx2		19	HSpx2		35	GSpx2	
4	YSpy2		20	HSpy2		36	GSpy2	
5	YSmx1	郁江夏季	21	HSmx1	红水河夏季	37	GSmx1	桂江夏季
6	YSmy1		22	HSmy1		38	GSmy1	
7	YSmx2		23	HSmx2		39	GSmx2	
8	YSmy2		24	HSmy2		40	GSmy2	
9	YAtx1	郁江秋季	25	HAtx1	红水河秋季	41	GAtx1	桂江秋季
10	YAty1		26	HAty1		42	GAty1	
11	YAtx2		27	HAtx2		43	GAtx2	
12	YAty2		28	HAty2		44	GAty2	
13	YWtx1	郁江冬季	29	HWtx1	红水河冬季	45	GWtx1	桂江冬季
14	YWty1		30	HWty1		46	GWty1	
15	YWtx2		31	HWtx2		47	GWtx2	
16	YWty2		32	HWty2		48	GWty2	

生态破坏因子最小为目标函数的 MARS 敏感性分析结果如图 5.6 所示。当样本大小为 1000 时，P1、P2、P3、P4、P14、P16、P17 和 P18 同时被 LH 和 MC 筛选为敏感参数，而 P13 和 P12 分别被 LH 和 MC 筛选出来。当样本大小为 400 时，P29 和 P47 分别被 LH 和 MC 筛选出来，但 P12、P13、P29 和 P47 这 4 个参数没有同时被筛选出。由于 LH 比 MC 抽样方法分布更平均，P1、P2、P3、P4、P13、P14、P16、P17、P18 和 P29 被选定为生态破坏因子的敏感参数。

根据年均发电量和生态破坏因子两个目标筛选出来的敏感参数，P1、P2、P3、P4、P5、P6、P7、P8、P9、P10、P11、P12、P13、P14、P16、P17、P18 和 P29 总计 18 个敏感参数被选定为西江流域水库群综合优化调度规则的敏感参数，见表 5.4。18 个敏感参数主要位于调节性能大的支

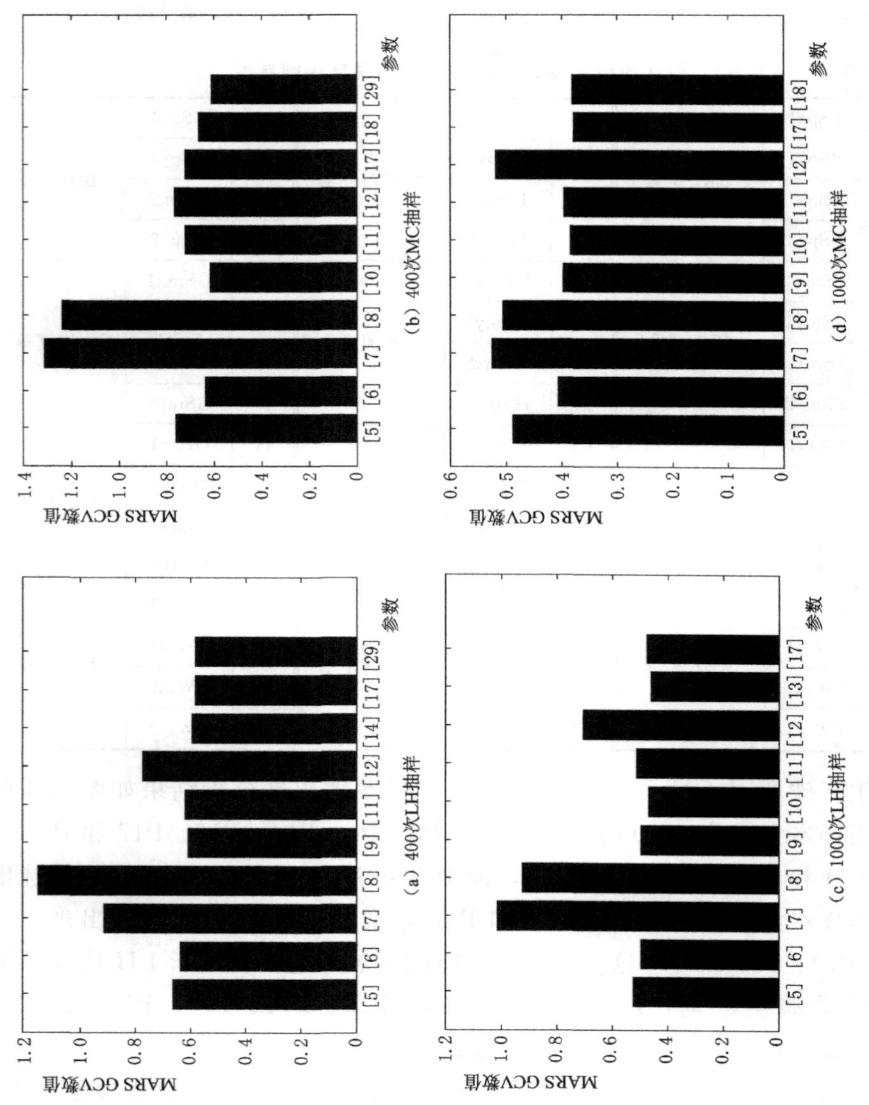

图 5.5 年均发电量最大为目标函数的MARS敏感性分析结果

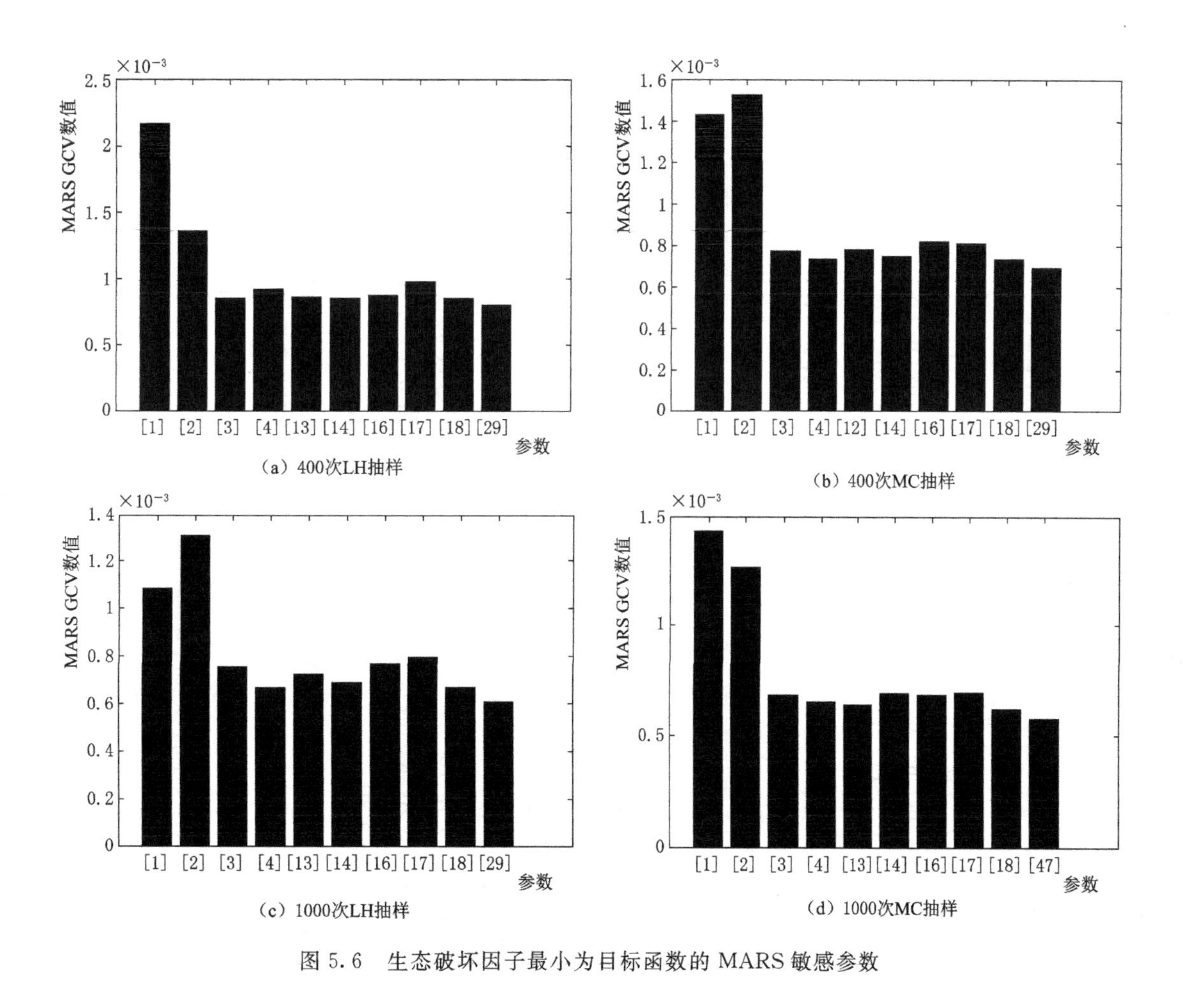

图 5.6 生态破坏因子最小为目标函数的 MARS 敏感参数

流（郁江60%和红水河30%）。原因是郁江有6个水库，红水河有6个水库，而桂江只有1个小水库（青狮潭），且对综合调度优化目标影响较小。剩余30个参数为不敏感参数，设定为默认参数值，敏感性分析可将48个参数进一步降维至18个参数，从而大大降低了模型维度。西江流域水库群多目标联合优化调度规则提取时只需优化18个敏感参数。

表5.4　西江流域水库群综合优化调度规则的敏感参数

目标函数	年均发电量		生态破坏因子	
取样方法	LH	MC	LH	MC
400	P5、P6、P7、P8、P9、P11、P12、P14、P17、P29	P5、P6、P7、P8、P9、P11、P12、P17、P18、P29	P1、P2、P3、P4、P13、P14、P16、P17、P18、P29	P1、P2、P3、P4、P12、P14、P16、P17、P18、P29
1000	P5、P6、P7、P8、P9、P10、P11、P12、P13、P17	P5、P6、P7、P8、P9、P10、P11、P12、P17、P18	P1、P2、P3、P4、P13、P14、P16、P17、P18、P29	P1、P2、P3、P4、P13、P14、P16、P17、P18、P47
总计	P1、P2、P3、P4、P5、P6、P7、P8、P9、P10、P11、P12、P13、P14、P16、P17、P18、P29			

5.6.2　多目标优化算法模拟结果比较

3种多目标优化算法在水库调度规则参数优化中的实验设置见表5.5，设置了3种情景，模型模拟次数依次为200、500和1000，初始样本大小分别对应100、200和400，种群大小分别对应20、30和40，进化代数分别对应5、10和15。WMO-ASMO与前两种遗传优化算法不同，替代模型优化种群大小和再取样比例均设置为100和0.2，但循环次数不同，设置为5、15和30。

表5.5　三种多目标优化算法在水库调度规则参数优化中的实验设置*

模拟次数	NSGA Ⅱ	WNSGA Ⅱ	WMO-ASMO
200	100init＋20pop×5gen	100init＋20pop×5gen	100init＋（100pop×0.2pct）×5iter
500	200init＋30pop×10gen	200init＋30pop×10gen	200init＋（100pop×0.2pct）×15iter
1000	400init＋40pop×15gen	400init＋40pop×15gen	400init＋(100pop×0.2pct)×30iter

注　init：初始样本大小；pop：种群大小；gen：进化代数；pct：再取样比例；iter：循环次数。

将最大年均发电量转换为最小相反数，将综合优化调度问题转变为最小化两目标问题。3种多目标优化算法在200、500、1000模型模拟次数下的多目标优化调度结果如图5.7所示。蓝点代表模型模拟点，红点代表多目标Pareto前沿解，绿点代表参考点，对应水库群常规调度目标函数值。

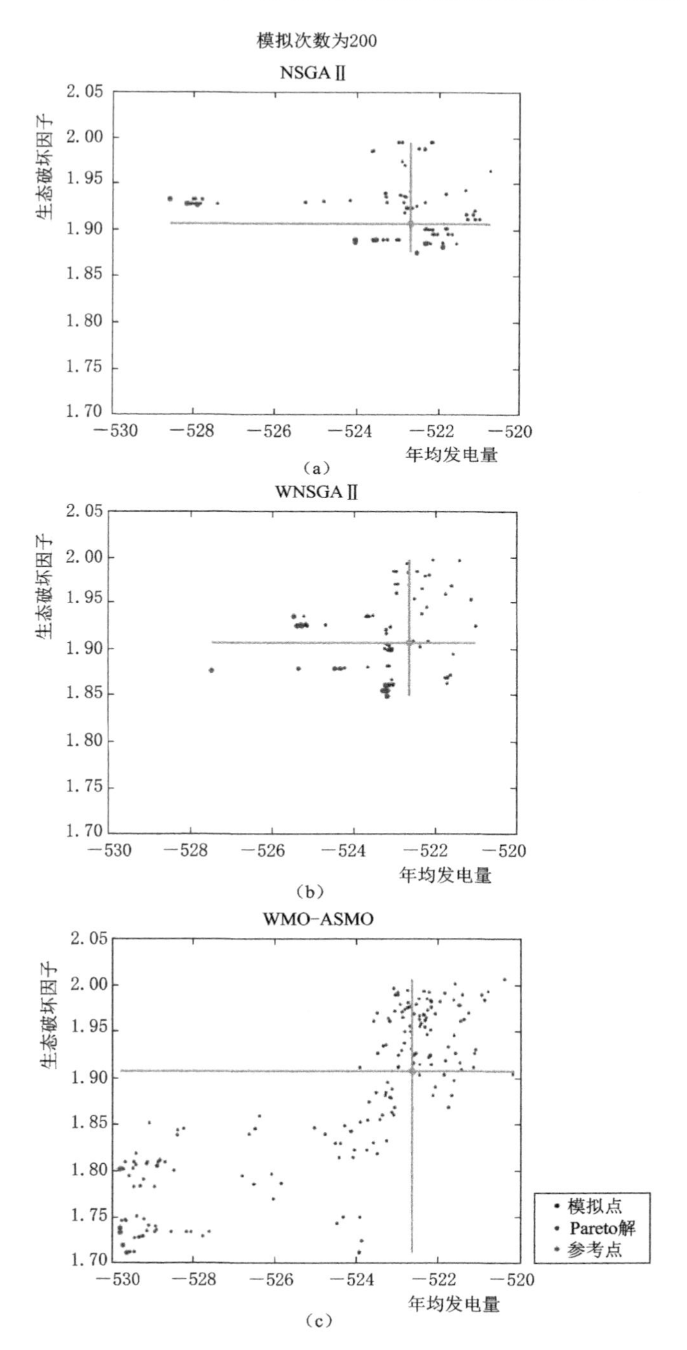

图 5.7（一） 3 种多目标优化算法在 200、500、1000 模型模拟次数下的多目标优化调度结果

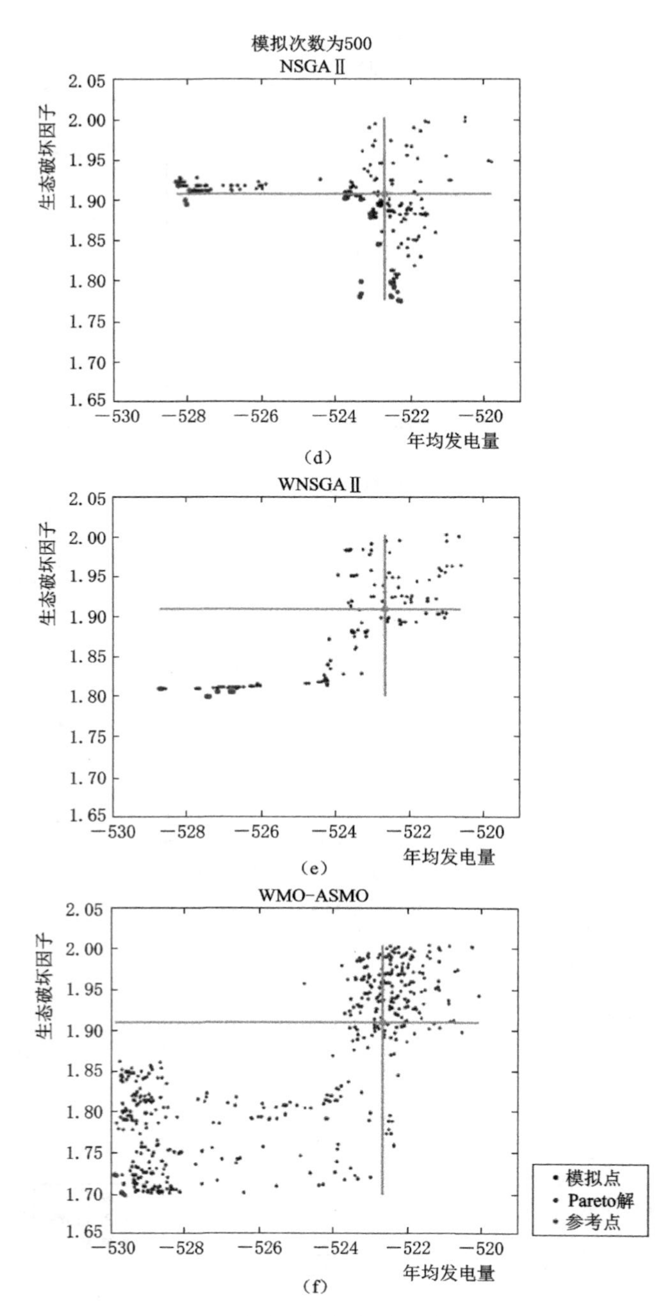

图 5.7（二） 3种多目标优化算法在200、500、1000模型模拟次数下的多目标优化调度结果

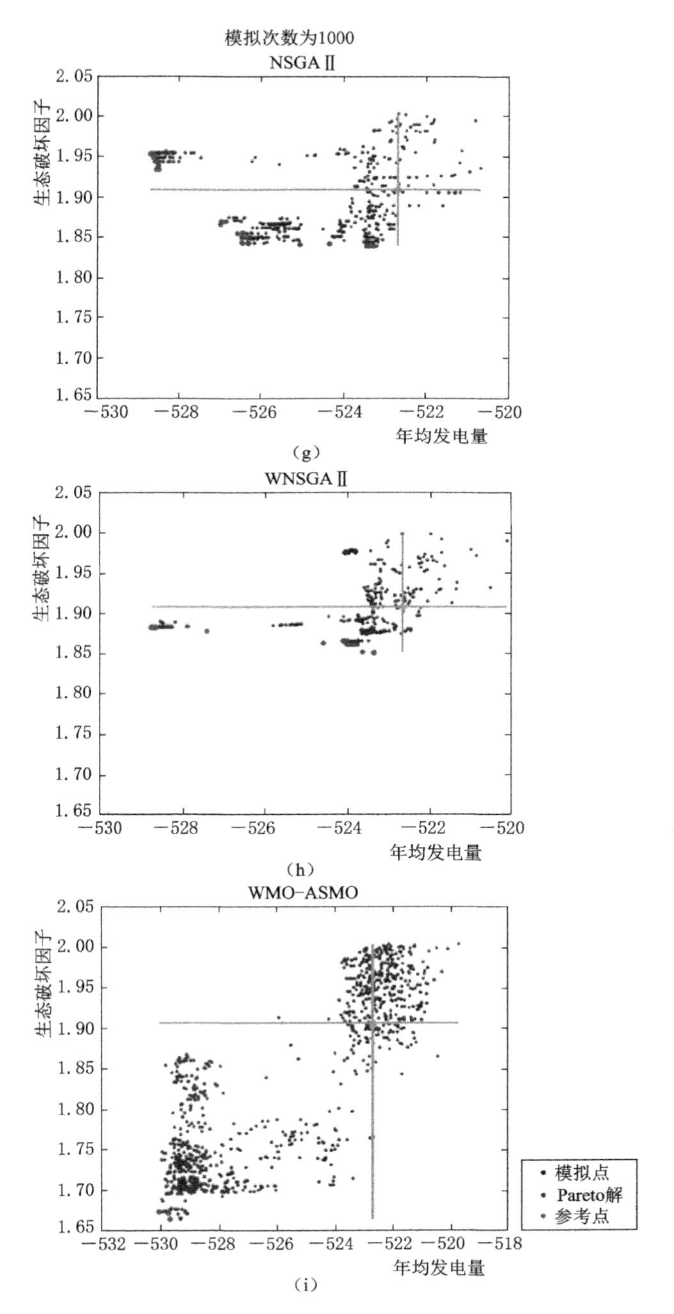

图 5.7（三） 3种多目标优化算法在200、500、1000模型模拟次数下的多目标优化调度结果

传统 NSGA Ⅱ不同模型模拟次数 200、500 和 1000 对应的 Pareto 前沿［图 5.7（a）、（d）、（g）］分布分散，主要位于非支配区域 1 和支配区域 2、支配区域 3。WNSGA Ⅱ对应的 Pareto 前沿［图 5.7（b）、（e）、（h）］在模型模拟次数为 200 时分布分散，但当模型模拟次数增加至 500 和 1000 时，Pareto 前沿主要集中于非支配区域 1。WMO－ASMO 优化的 Pareto 前沿［图 5.7（c）、（f）、（i）］在模型模拟次数 200、500 和 1000 时都集中分布于非支配区域 1，但 Pareto 解个数比传统 NSGA Ⅱ和 WNSGA Ⅱ少，原因在于替代模型虽然能够捕捉物理模型大部分信息，但不可避免地损失了一些信息，但非支配区域的 Pareto 解目标函数值更小。因此 3 种模型优化效果中 WMO－ASMO 表现最优，传统 NSGA Ⅱ表现最差。由图 5.7 可明显看出，模型模拟次数增加可明显提高 Pareto 前沿。

图 5.8 为 3 种多目标优化算法在不同模拟次数下的水库群多目标综合

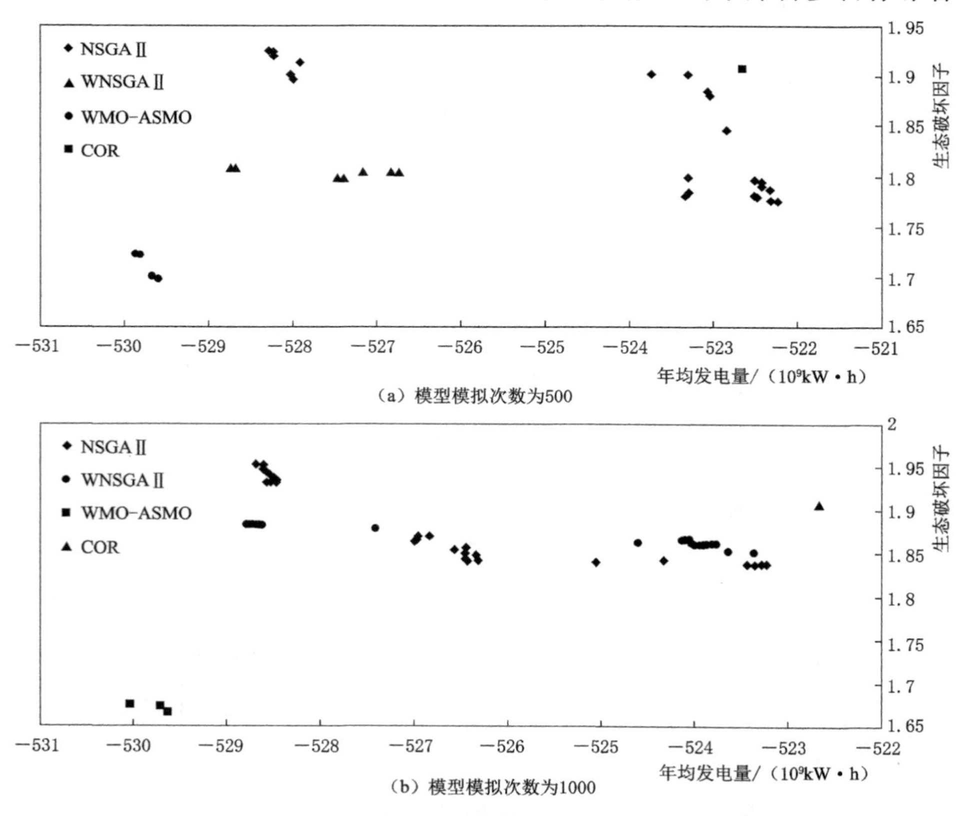

（a）模型模拟次数为500

（b）模型模拟次数为1000

图 5.8 3 种多目标优化算法在不同模拟次数下的水库群多目标综合优化调度 Pareto 前沿对比

优化调度 Pareto 前沿对比。常规调度目标函数值被 WNSGA Ⅱ和 WMO-ASMO 所有 Pareto 解支配，传统 NSGA Ⅱ不能保证 Pareto 前沿解两目标同时优于常规调度，但 Pareto 前沿解较多，分布广，包含更多模型优化 Pareto 前沿特点，模型模拟次数增加可明显减少图 5.8（a）中的集聚点，使得三种优化算法的 Pareto 前沿更光滑。

3 种多目标优化算法（NSGA Ⅱ、WNSGA Ⅱ、WMO-ASMO）在模型模拟次数为 1000 时西江流域水库群综合优化调度规则归一化参数分布如图 5.9 所示。黑色虚线代表常规调度默认参数值，实线代表 3 种多目标优化算法 Pareto 前沿解的归一化优化参数，不同优化算法调度规则参数不同。

图 5.10 是 3 种多目标优化算法在模型模拟次数为 500 和 1000 时 Pareto 前沿对应年均发电量和生态破坏因子两个目标函数值箱状图。其中传统 NSGA Ⅱ

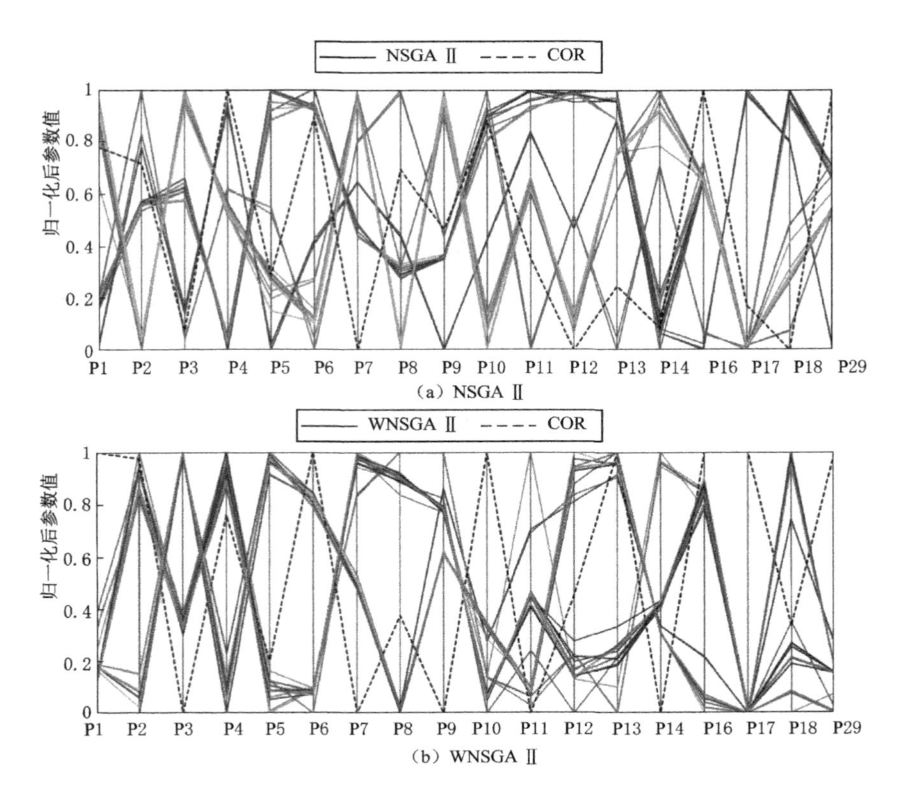

图 5.9（一） 3 种多目标优化算法在模型模拟次数为 1000 时西江流域水库群综合优化调度规则归一化参数分布

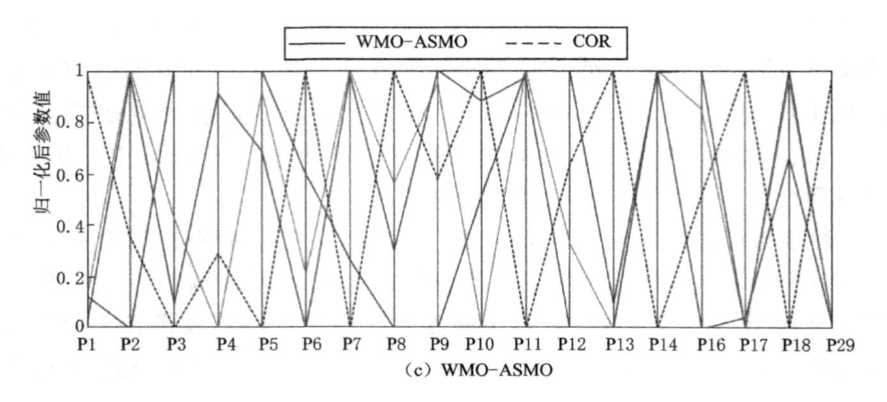

(c) WMO-ASMO

图 5.9（二） 3种多目标优化算法在模型模拟次数为1000时西江流域水库群综合优化调度规则归一化参数分布

算法的 Pareto 前沿解目标函数值分布区间最大，而 WNSGA Ⅱ和 WMO－ASMO 在权重拥挤度算子的引导下趋向于非支配区域，从而降低了分布区间。如图 5.10（a）和图 5.10（c）所示，WMO－ASMO 年均发电量最大。如图 5.10（b）和图 5.10（d）所示，WMO－ASMO 生态破坏因子最小。说明传统 NSGA Ⅱ在优化效果上表现最差，WMO－ASMO 表现最优。

优化算法不仅需要比较优化效果，还需考虑优化效率。西江水库群综合调度模型在 i7 2.90GHz 处理器上模拟一次时间约为 60s。表 5.6 展示了 3 种多目标优化算法在不同模型模拟次数下的模拟优化时间，表示优化算法的优化效率。模型模拟次数为 200 和 500 时，传统 NSGA Ⅱ耗费时间最长，WMO－ASMO 耗时最短，比传统 NSGA Ⅱ节约 0.5h 和 2h。若模型模拟次数增加至 1000 时，3 种多目标优化算法耗时相近，均接近于 14h，WNSGA Ⅱ最省时为 13.7h，传统 NSGA Ⅱ最耗时，消耗时间 14.2h。由于 WMO－ASMO 在模型模拟次数较少时省时且能得到较优的 Pareto 前沿，因此 WMO－ASMO 不仅可应用于水库群中长期优化调度，还可用于水库群实时优化调度。

表 5.6　3种多目标优化算法在不同模型模拟次数下的模拟优化时间

模型模拟次数	200	500	1000
NSGA Ⅱ	11383.09（≈3.2h）	37333.59（≈10h）	50974.86（≈14.2h）
WNSGA Ⅱ	10931.07（≈3.0h）	32921.02（≈9h）	49326.34（≈13.7h）
WMO－ASMO	9889.12（≈2.7h）	29410.05（≈8h）	50481.93（≈14.0h）

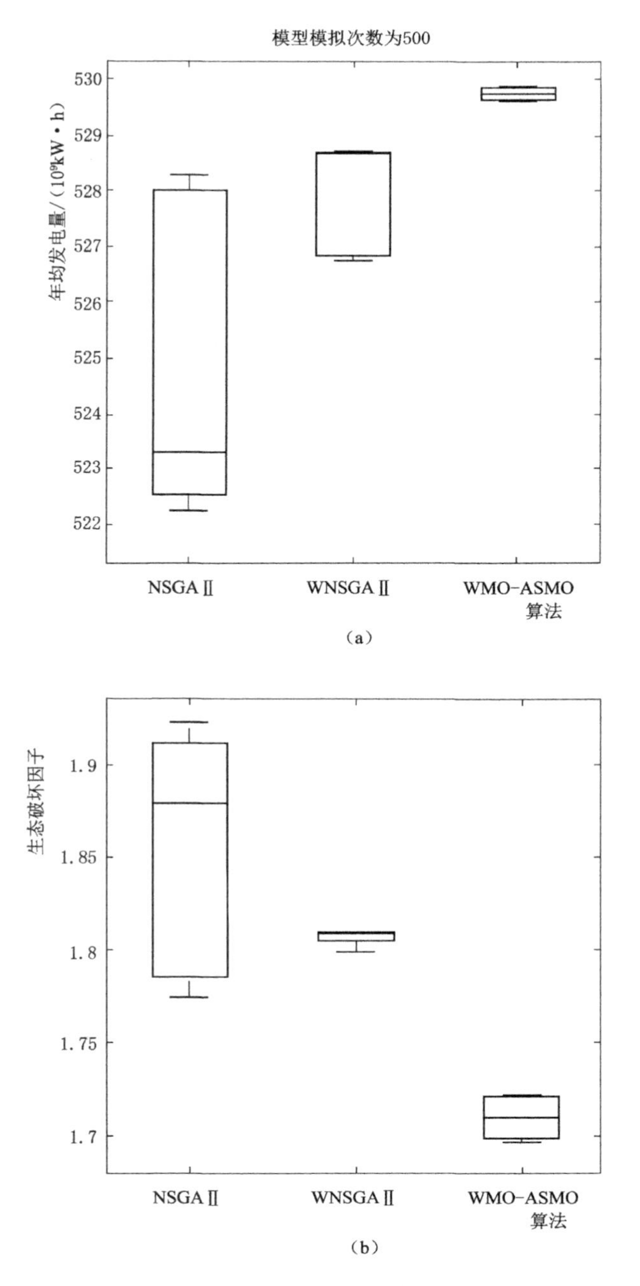

图 5.10(一) 3种多目标优化算法在模型模拟次数为500和1000时Pareto前沿对应年均发电量和生态破坏因子两个目标函数值箱状图

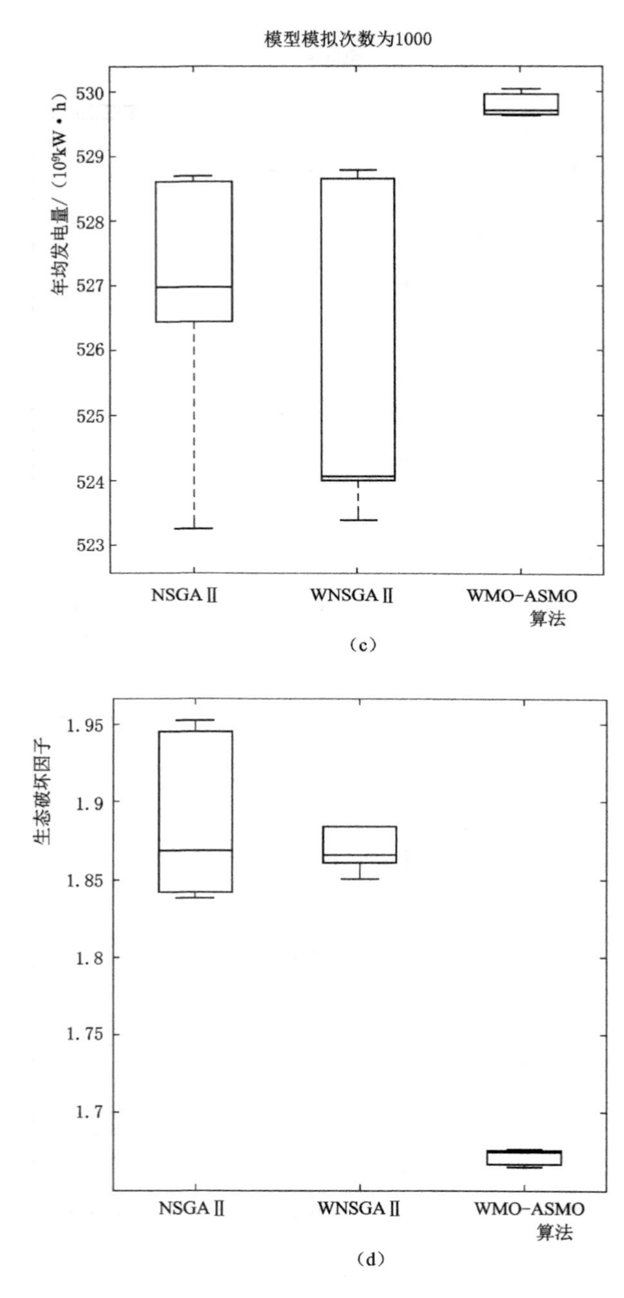

（c）

（d）

图 5.10（二） 3种多目标优化算法在模型模拟次数为500和1000时Pareto前沿对应年均发电量和生态破坏因子两个目标函数值箱状图

西江流域水库群多目标综合优化调度不仅能提高年均发电量，还能降低生态破坏因子。在图 5.8 所示 WMO－ASMO 优化算法的 Pareto 前沿中任意选取一 Pareto 前沿解，相应优化参数作为西江流域水库群综合优化调度规则参数。西江流域三个虚拟聚合水库优化调度不同季度规则如图 5.11 所示，均为分段线性函数，横坐标为虚拟聚合水库的潜在总出力，纵坐标为虚拟聚合水库的实际总出力。根据虚拟聚合水库的潜在总出力计算得到实际总出力，通过分解方法分解至单一水库，进行实际水库调度模拟计算。西江流域水库群常规综合调度和 WMO－ASMO 优化调度目标对比见表 5.7，年均发电量为 5.30×10^{11}kW·h，常规调度年均发电量为 5.23×10^{11}kW·h。WMO－ASMO 优化调度规则比常规调度多发电 7.371×10^{10}kW·h，年均发电量提高了 1.41%，如果电价为 0.4 元/(kW·h)，则经济效益提高了 2.95×10^{9} 元。WMO－ASMO 优化调度规则生态破坏因子为 1.68，比常规调度破坏因子模拟值（1.91）降低了 12.21%。梧州断面破坏时段数由常规调度的 227 次降低到了 173 次，最大破坏深度由 1542.12m^3/s 降低到了 1179.90m^3/s，说明梧州断面受咸潮影响天数由 41d 降低至 30d，体现了 WMO－ASMO 提取的西江流域综合优化调度规则的优越性。

表 5.7　西江流域水库群常规综合调度和 WMO－ASMO 优化调度目标对比

规则	年均发电量 /(10^9kW·h)	生态破坏因子	破坏时段数	最大破坏深度 /(m^3/s)	生态断面
COR	522.66	1.91	71	29.59	桂林
			227	1542.12	梧州
WMO－ASMO	530.03	1.68	71	29.59	桂林
			173	1179.90	梧州

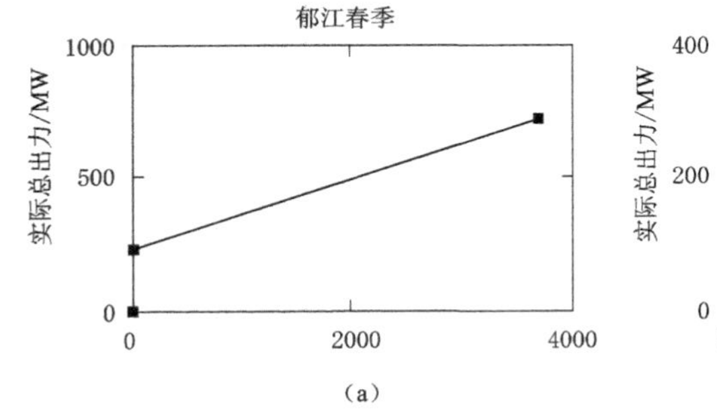

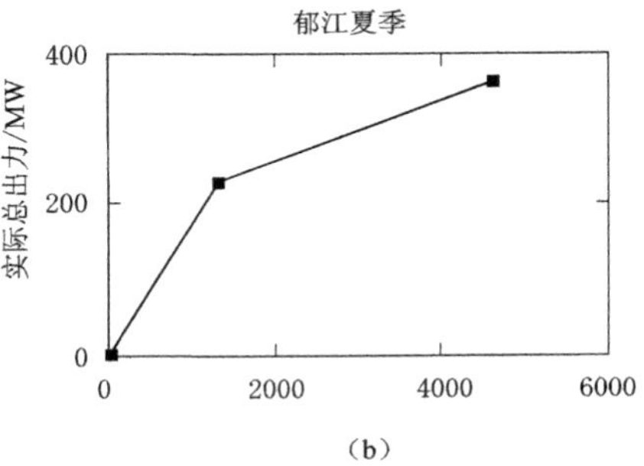

图 5.11（一）　西江流域 3 个虚拟聚合水库优化调度不同季度规则

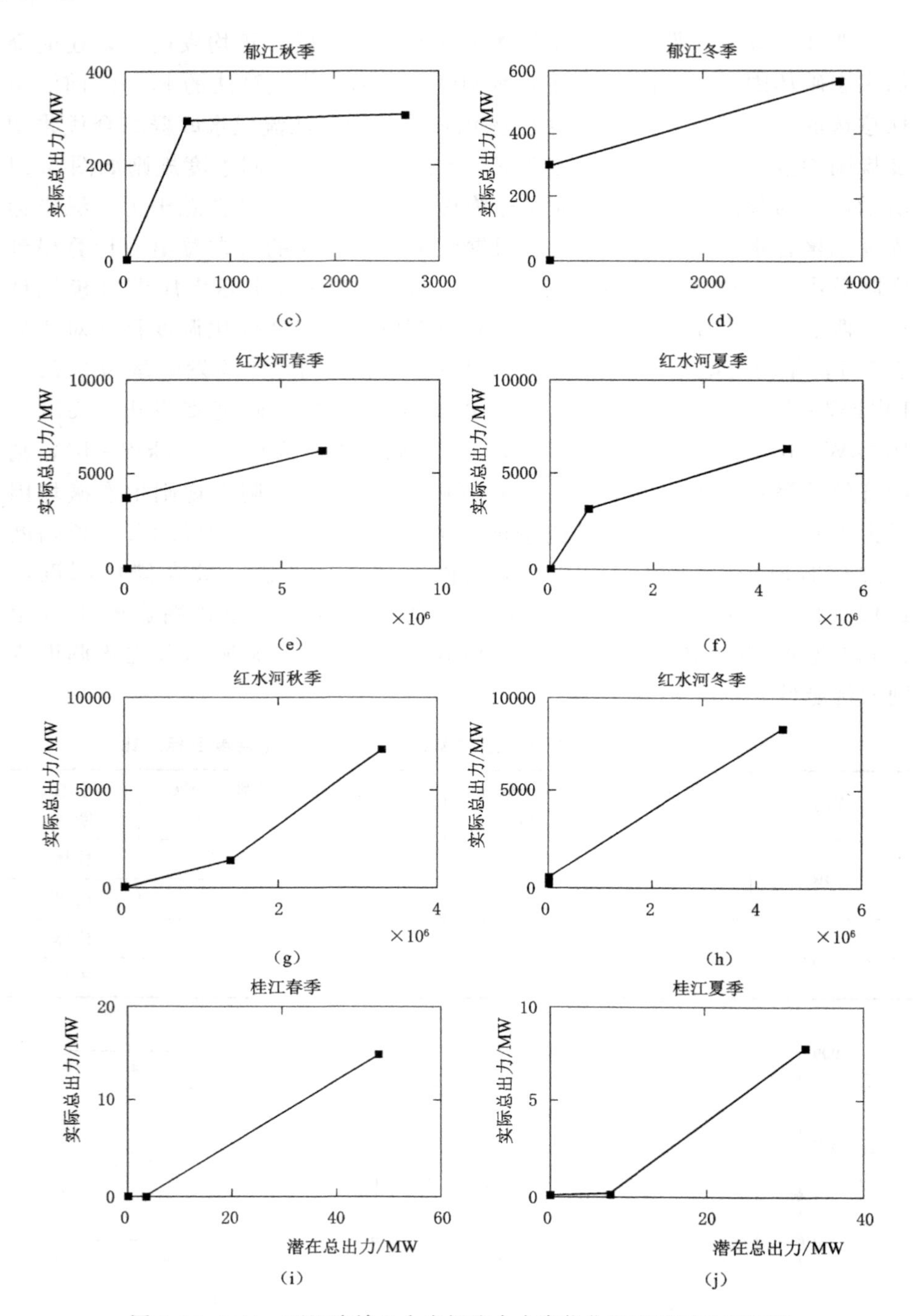

图 5.11（二） 西江流域3个虚拟聚合水库优化调度不同季度规则

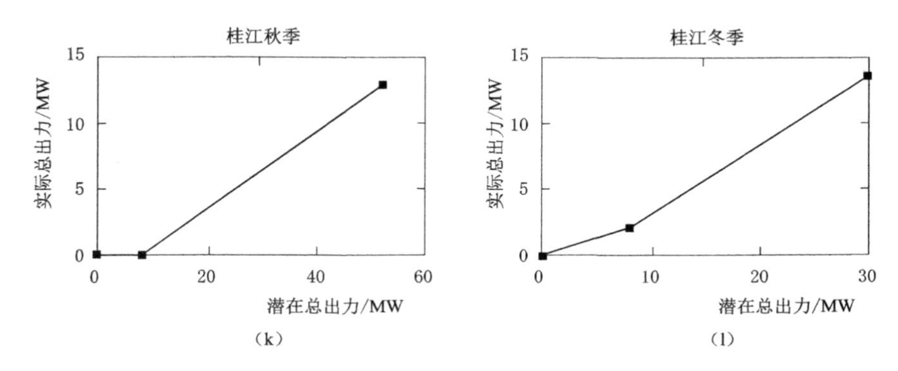

图 5.11（三） 西江流域 3 个虚拟聚合水库优化调度不同季度规则

图 5.12 展示了 1955 年龙滩水库常规调度和 WMO - ASMO 优化调度规则的流量和水位变化过程。龙滩水库常规调度规则只考虑了龙滩水库自身的调控功能，未考虑其他水库的联合调控作用。WMO - ASMO 提取的综合优化调度规则考虑了西江流域水库群联合优化调度，水库水位均高于常规调度，原因在于 WMO - ASMO 提取的优化调度规则目的在于通过蓄水提高发电水头，提高年均发电量。另外，蓄水可提高缺水时段的生态保证率，降低流域生态破坏因子。

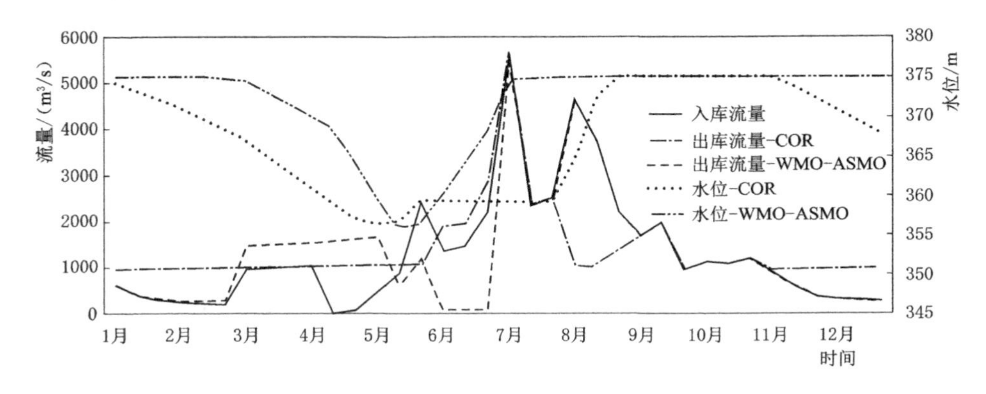

图 5.12 1955 年龙滩水库常规调度和 WMO - ASMO 优化调度规则的流量和水位变化对比图

5.7 本章小结

本章主要提出了一套针对大系统水库群中长期综合调度高效求解技

术，主要包括参数综合降维技术、定向多目标快速非支配排序遗传算法和自适应替代模型方法3大部分，通过对西江流域水库群综合调度的实例研究可得到以下结论：

（1）参数综合降维技术中大系统聚合分解方法将同一支流上水库群聚合为一个虚拟聚合水库，形成3个虚拟聚合水库（郁江、红水河和桂江）。再将虚拟聚合水库实际总出力根据水库装机容量比分解到各单一水库。大系统聚合分解方法是从水库结构进行参数维度，将160个优化参数降低至48个优化参数。

（2）参数综合降维技术中敏感性分析方法能够筛选出西江流域水库群联合优化调度规则的敏感参数，从水库参数上进一步降维，将48个优化参数降低至18个优化参数。

（3）基于权重拥挤度算子，WNSGA Ⅱ能够有效地引导Pareto前沿搜索至非支配区域，从而提高了Pareto前沿搜索效率，优化效果和优化效率明显优于传统的NSGA Ⅱ。

（4）WMO-ASMO优化效率和优化效果均优于NSGA Ⅱ和WNSGA Ⅱ。一方面因为替代模型（高斯曲面拟合）能够近似代替大系统水库群综合调度模型，降低了模型优化负担，提高了优化效率。另一方面WNSGA Ⅱ与自适应替代模型耦合，可在有限模型模拟次数下快速搜索非支配区域，提供较好的Pareto前沿，避免替代模型的过拟合现象。WMO-ASMO一非劣解对应年均发电量比常规调度提高了1.41%，相应经济效益为2.95×10^{9}元，破坏因子降低了12.21%。

第6章

水文非一致性下水库及下游防洪风险计算

6.1 引言

水文一致性条件下，水库防洪安全设计主要基于单变量洪水（洪峰）研究水库防洪危险事件重现期。但洪水具有多个重要特征变量，包括洪峰、洪量和洪水历时。近年来，多变量洪水（洪水、洪峰和洪水历时）重现期计算方法得到了大量关注，主要包括："且"（AND）、"或"（OR）、"Kendall"和"Survival Kendall"重现期计算方法等，但上述重现期计算方法均基于多变量洪水设计值，未考虑水库对洪水的调节作用，存在一定弊端。由于水库防洪安全取决于水库调洪演算后的最高坝前水位，水库下游保护对象防洪安全取决于水库调洪演算后的最大下泄流量。因此，本书通过考虑水文荷载（洪峰、洪量和洪水历时）与水库的相互作用，即水库调洪演算过程，分析水库防洪安全。将多变量洪水重现期转变为水库和下游保护对象发生超过设计标准极值事件的重现期，这种考虑了水文荷载（洪水）与水库相互作用的重现期称为结构荷载重现期（Salvadori et al.，2016；刘章君等，2018）。

由于气候变化和人类活动引起下垫面条件发生改变，流域产汇流过程发生明显变化，导致水文序列呈现非一致性。全球极端事件频发，洪水发生频率和强度发生变化，基于水文一致性假定的水库防洪风险不同于水文非一致性的水库防洪风险。近年来基于水利工程与水文荷载的相互关系的风险评估研究均基于水文一致性假定，未涉及水文非一致性。基于水文非一致性的水库防洪风险研究只考虑了单变量洪水非一致性，未探究多变量洪水非一致性下水库防洪风险计算，并且尚未研究多变量洪水非一致性下水库设计参数变化对水库洪灾损失及兴利效益的影响。

基于多变量洪水非一致性，研究水库和下游保护对象防洪风险和结构荷载重现期计算，并分析水库库容再分配（转移库容）对水库洪灾损失及兴利效益的影响，为水文非一致性下水库适应性设计提供参考。基于水文非一致性下极值事件重现期定义（Yan et al，2017），定义水文非一致性下水库结构荷载重现期为：从当前初始年份算起，水库最高坝前水位超过基于水文一致性设计防洪标准的最高坝前水位阈值所需时间。水文非一致性下水库下游保护对象结构荷载重现期定义为：从当前初始年份算起，水库最大下泄流量超过基于水文一致性设计防洪标准的最大下泄流量阈值所需时间（暂不考虑区间入流）。

多变量洪水非一致性条件下水库和下游防洪风险计算和适应性设计研究框架如图6.1所示。基于长系列历年洪峰Q、洪量V和洪水历时D，分析3变量边缘分布，并采用C-vine Copula函数描述3变量之间的相关性结构关系。第一部分研究内容为基于水文一致性条件，通过C-vine Copu-

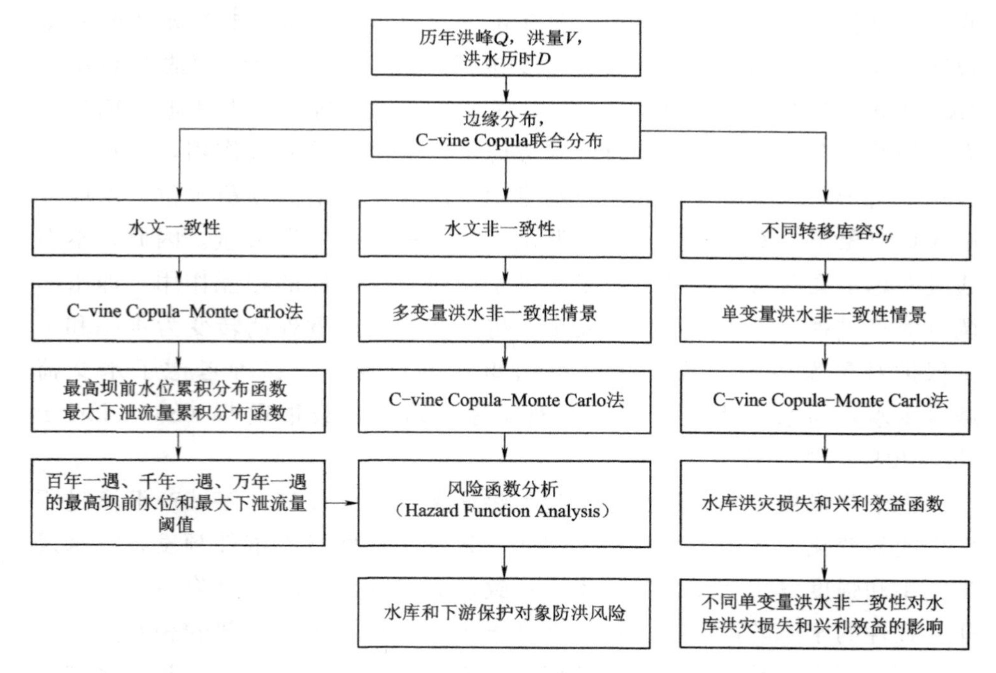

图6.1 多变量洪水非一致性条件下水库和下游防洪风险计算和适应性设计研究框架图

la－Monte Carlo 法计算得到水库最高坝前水位经验累积分布曲线和最大下泄流量经验累积分布曲线，确定水文一致性条件下百年一遇、千年一遇、万年一遇的水库最高坝前水位阈值和最大下泄流量阈值。第 2 部分研究内容为基于多变量洪水非一致性，人为假设非一致性参数，采用 C－vine Copula－Monte Carlo 法和风险函数分析法确定水库和下游保护对象结构荷载重现期分布形式及参数。第 3 部分研究内容基于单变量洪水非一致性，采用 C－vine Copula－Monte Carlo 法对比分析不同转移库容和单变量洪水非一致性参数对水库洪灾损失及兴利效益的影响。

6.2 多变量洪水非一致性分析

6.2.1 Mann－Kendall 趋势检验

Mann－Kendall 趋势检验法常用于水文序列非一致性趋势检验，是一种非参数检验方法（Kendall，1948；Mann，1945），该方法无需假定水文样本服从指定分布，且不受少数异常值干扰。Mann－Kendall 趋势检验主要是检验水文序列是否拒绝零假设（Null hypothesis：H_0）或备择假设（Alternative hypothesis：H_a）。H_0：不存在单调趋势；H_a：存在单调趋势，主要通过求出水文序列样本对应的 p 值来判断是否接受原假设或备择假设。

假定样本序列为 y，样本个数为 n，且独立同分布，则可构造一个统计量秩序列：

$$s_i = \sum_{i=1}^{k} \operatorname{sign}(y_i - y_j), k = 2,3,\cdots,n \tag{6-1}$$

式中：sign 为符号函数，当 y_i 小于、等于、大于 y_j 时，符号函数值依次为－1、0、1。可计算出统计量秩序列的均值和方差如式（6－2）～式（6－3）所示：

$$E(s_i) = \frac{k(k-1)}{4} \tag{6-2}$$

$$\operatorname{Var}(s_i) = \frac{k(k-1)(2k+5)}{72}, k = 2,3,\cdots,n \tag{6-3}$$

基于以上统计量，可计算如下标准正态统计量 Z：

$$Z_i=\begin{cases}\dfrac{s_i-1}{\sqrt{\mathrm{Var}(s_i)}} & s_i>0\\ 0 & s_i=0\\ \dfrac{s_i+1}{\sqrt{\mathrm{Var}(s_i)}} & s_i<0\end{cases} \tag{6-4}$$

在双边趋势检验中，通过 Z 值与其理论分位点进行比较确定。假设零假设错误容忍概率 α 为 0.05，如果双边 p 值小于错误容忍概率 α，则拒绝零假设，接受备择假设，否则接受零假设，拒绝备择假设。因此，Mann-Kendall 趋势检验主要通过双边 p 值大小判定是否存在非一致性趋势。Kendall 的 tau 统计值正负可判定非一致性增减趋势。

确定是否存在非一致性后，采用 Vogel 等（2011）和 Prosdocimi 等（2014）提出的洪水放大系数（Flood magnification factor）M 描述洪水非一致性程度，定义为 $t+d$ 年的水文变量与 t 年的水文变量的比值，通常 d 取 10 年，计算公式如下：

$$M=\frac{X_p(t+d)}{X_p(t)} \tag{6-5}$$

6.2.2 边缘分布

水文变量分布形式多样，如正态分布、伽马分布、耿贝尔分布、韦布尔分布、P Ⅲ分布、对数 P Ⅲ分布等。可通过概率点据相关系数（Probability Plot Correlation Coefficient，PPCC）来确定水文变量最优分布形式，PPCC 是结合 Monte Carlo 法进行分布拟合，通过计算 PPCC 值（又称 Filliben 相关系数）大小来判定变量最优拟合分布。

假设样本标准化残差 $r_1,r_2,\cdots,r_n$ 实际分布服从正态分布，则顺序统计量为 $r_{(1)},r_{(2)},\cdots,r_{(n)}$。理论残差（又称顺序统计量中位数）计算公式为 $M_i=\phi^{-1}[(i-0.375)/(n+0.25)]$，顺序统计量与理论残差（顺序统计量中位数）存在线性关系，定义 Filliben 相关系数如下：

$$PPCC=\frac{\sum_{i=1}^{n}(r_i-\overline{r})(M_i-\overline{M})}{\sqrt{\sum_{i=1}^{n}(r_i-\overline{r})^2\sum_{j=1}^{n}(M_j-\overline{M})^2}} \tag{6-6}$$

式中：$\overline{r}$ 为 r_i 的均值；$\overline{M}$ 为 M_i 的均值。$PPCC$ 值越大说明分布拟合效果越好。

6.2.3 联合分布

Copula 函数常被用于描述多个随机变量联合分布，最早由 Sklar（1959）提出，主要通过 Sklar 定理描述多变量联合分布与任意单变量边缘分布之间的相关结构关系。

Sklar 定理：假设 n 个变量 $x_1, x_2, \cdots, x_n$ 的边缘分布分别为 $f_1(x_1)$，$f_2(x_2), \cdots, f_n(x_n)$，且 n 个变量之间的联合分布为 $F(x_1, x_2, \cdots, x_n)$，则可用 n 维 Copula 函数 C 描述 n 个变量之间的联合分布，使得任意 $x \in R^n$ 满足下式：

$$F(x_1, x_2, \cdots, x_n) = C_\theta[f_1(x_1), f_2(x_2), \cdots, f_n(x_n)] \tag{6-7}$$

式中：θ 为 n 维 Copula 函数参数。

常见 Copula 函数可以分为两大类：椭圆形 Copula（Elliptical）和阿基米德 Copula（Archimedean）。椭圆形 Copula 包括高斯 Copula 和 t - Copula，这两类 Copula 函数不限定变量维数，但要求各单变量均服从正态分布或 t 分布。阿基米德 Copula 包括 Frank、Clayton 和 Gumbel 3 类 Copula 函数，不限定各变量边缘分布形式，但常用于描述二维变量联合分布。对于高维变量联合分布，常用 vine - Copula 描述，常用的 vine - Copula 包括规范 vine - Copula（Canonical vine Copula，C - vine）和可拉伸 vine - Copula（Drawable vine Copula，D - vine）。C - vine Copula 常用于描述一个单变量占主导地位的多变量联合分布，D - vine Copula 常用于描述存在临近关系的多变量联合分布。

本章研究洪水的洪峰、洪量和洪水历时 3 变量的联合分布，选用 C - vine Copula 描述 3 变量之间的相关关系（Jiang 等，2019），3 变量 C - vine Copula 结构与 D - vine Copula 结构相同，3 变量联合分布概率密度函数可分解为 3 个二维变量的 Copula 函数，如下式所示：

$$c(u_1, u_2, u_3 | \theta) = c_{12}(u_1, u_2 | \theta_{12}) \cdot c_{13}(u_1, u_3 | \theta_{13}) \cdot c_{23}(u_2, u_3 | \theta_{23}) \tag{6-8}$$

式中：u_1，u_2，u_3 分别为三变量洪峰、洪量和洪水历时的边缘分布；θ 为 u_1，u_2，$u_3$3 变量联合分布参数；θ_{12} 为 u_1，u_2 的联合分布参数；θ_{13} 为 u_1，u_3 的联合分布参数；θ_{23} 为 u_2，u_3 的联合分布参数。

由于二维变量 Gumbel - Hougaard Copula 函数能够描述上尾相关关系，常用于描述多变量洪水联合分布（Salvadori et al.，2007；Zhang and Singh，2007），因此本章选用 Gumbel - Hougaard Copula 函数描述 C -

vine Copula 中二维变量的联合分布，关系式如下：

$$C(u_1,u_2)=\exp\{-[(-\ln u_1)^{\theta_{12}}+(-\ln u_2)^{\theta_{12}}]^{1/\theta_{12}}\},\theta_{12}\in[1,+\infty) \tag{6-9}$$

6.3 水库防洪风险及结构荷载重现期计算

6.3.1 基本原理

洪水单变量重现期、可靠性等与水库防洪危险事件重现期、可靠性一一对应。若涉及多变量洪水，则无法直接通过多变量洪水设计值直接计算水库防洪风险、重现期及可靠性等，需要通过水库调洪演算分析水库防洪风险、重现期及可靠性等。最高坝前水位阈值和最大下泄流量阈值可通过 C - vine Copula - Monte Carlo 法确定。洪水过程（洪峰、洪量和洪水历时）可通过水库调洪演算确定水库最高坝前水位和最大下泄流量。假定水库最高坝前水位函数为 $Z=g_1(Q,V,D)$，水库最大下泄流量函数为 $R=g_2(Q,V,D)$，则水库防洪危险事件可定义为洪水过程（洪峰、洪量和洪水历时）进行调洪演算后最高坝前水位超过设定阈值 $Z_{\text{threshold}}$：

$$E_{Q,V,D}^1=\{g_1(Q,V,D)>Z_{\text{threshold}}\} \tag{6-10}$$

水库下游防洪危险事件定义为洪水过程（洪峰、洪量和洪水历时）进行调洪演算后最大下泄流量超过设定阈值 $R_{\text{threshold}}$：

$$E_{Q,V,D}^2=\{g_2(Q,V,D)>R_{\text{threshold}}\} \tag{6-11}$$

水文一致性条件下，水库和下游保护对象的结构荷载重现期计算公式如下：

$$T_1=\frac{1}{P[g_1(Q,V,D)>Z_{\text{threshold}}]}=\frac{1}{1-F_Z(Z)} \tag{6-12}$$

$$T_2=\frac{1}{P[g_2(Q,V,D)>R_{\text{threshold}}]}=\frac{1}{1-F_R(R)} \tag{6-13}$$

式中：$F_Z(Z)$ 和 $F_R(R)$ 分别为最高坝前水位和最大下泄流量累积分布函数，可通过式（6-14）～式（6-15）计算得到：

$$F_Z(Z)=\iiint_{D_z} f_Z(Q,V,D)\mathrm{d}Q\mathrm{d}V\mathrm{d}D \tag{6-14}$$

$$F_R(R)=\iiint_{D_R} f_R(Q,V,D)\mathrm{d}Q\mathrm{d}V\mathrm{d}D \tag{6-15}$$

式中：$D_Z=\{(Q,V,D)\mid g_1(Q,V,D)<Z\}$为最高坝前水位积分区域；$D_R=\{(Q,V,D)\mid g_2(Q,V,D)<R\}$为水库最大下泄流量积分区域。由于水库调洪演算后的水库最高坝前水位函数$Z=g_1(Q, V, D)$和水库最大下泄流量函数$R=g_2(Q, V, D)$无法通过显示公式表示，因此无法直接计算最高坝前水位和最大下泄流量累积分布函数，只能通过 Monte Carlo 大样本抽样模拟后的经验累积分布函数近似代替真实累积分布函数。

另外，由于多变量洪水非一致性下重现期计算十分复杂，无法使用水文一致性条件下超出概率的倒数计算重现期，故引入风险函数分析（Read and Vogel，2016a；Read and Vogel，2016b）计算多变量洪水非一致下的超出概率、防洪风险和可靠性等。

6.3.2 风险函数分析

风险函数分析源于医学领域，主要用来描述癌症病人日益变化的存活概率，后常被用于描述某个事件日益变化的发生概率，非常适合描述自然灾害随时间变化的发生概率。因此有研究学者将其应用至水文非一致性下洪水频率分析（Read and Vogel，2016a；Read and Vogel，2016b）。风险函数分析主要包括 3 大部分：风险函数（Hazard function）、存活函数（Survival function）和累积风险函数（Cumulative hazard function）。

1. 风险函数

风险函数，常用于描述某危险事件在未来给定时段（t，$t+\Delta t$）内的发生概率，计算公式如下：

$$h(t)=\frac{f_T(t)}{1-F_T(t)} \tag{6-16}$$

式中：f_T 为危险事件重现期 T 的概率分布函数；F_T 为危险事件重现期 T 的累积分布函数。

2. 存活函数

存活函数，是指某危险事件在给定时段（0，t］不发生的概率，即可称为危险事件的可靠性，计算公式如下：

$$S_T(t)=1-F_T(t)=\exp\left(-\int_0^t h(s)\mathrm{d}s\right) \tag{6-17}$$

3. 累积风险函数

累积风险函数，是指给定时段（0，t］内某危险事件发生的次数，计算公式如下：

$$H(t)=\int_0^t h(s)\mathrm{d}s=\int_0^t \frac{\mathrm{d}S_T(s)}{S_T(s)}\mathrm{d}s=-\ln[S_T(s)] \qquad (6-18)$$

风险函数分析主要通过以上3个函数描述危险事件随时间变化的发生概率、可靠性和累积风险。

6.3.3 C－vine Copula－Monte Carlo 法

洪水的3个特征变量（洪峰、洪量和洪水历时）边缘分布通常是非正态，并且三者之间存在一定的相关性，用C－vine Copula函数描述三者之间相关性结构关系。由于水库调洪演算过程涉及许多非线性计算，水库最高坝前水位函数 $Z=g_1(Q, V, D)$ 和水库最大下泄流量函数 $R=g_2(Q, V, D)$ 无法通过显示函数关系表示，因此无法直接通过积分公式计算最高坝前水位和最大下泄流量的累积分布函数。本章采用基于C－vine Copula函数的Monte Carlo法（C－vine Copula－Monte Carlo）进行求解，具体计算步骤如下：

（1）根据长系列水库入库流量资料，通过基流分割法分割出入库流量站点的基流，确定历年最大洪峰、洪量和洪水历时序列。

（2）基于历年洪峰、洪量和洪水历时数据，首先检验三变量洪水序列是否存在非一致性，并确定相应的边缘分布形式及参数。用C－vine Copula函数描述三变量间的结构关系，并确定C－vine Copula参数。

水文一致性条件下：

（3）根据历年洪峰、洪量和洪水历时数据边缘分布和联合分布，用Monte Carlo法进行随机取样，假设样本大小为 N，则对应有 N 组洪峰、洪量和洪水历时组合（Q，V，D）。

（4）基于 N 组洪峰、洪量和洪水历时组合（Q，V，D），采用USDA（Module 207－Hydrograph Development）提出的峰值速率-增量单位线法（Peak Rate Equation－Incremental Unit Hydrograph method）（Campbell，2015）确定每个随机样本（Q，V，D）的洪水过程线。

（5）将 N 组洪峰、洪量和洪水历时组合（Q，V，D）的洪水过程线输入水库常规调度模型，进行调洪演算，分别获得 N 组水库最高坝前水位和最大下泄流量。

（6）基于 N 组水库最高坝前水位和最大下泄流量样本，可确定相应的经验累积分布函数。计算水文一致性条件下给定设计防洪标准相应的最高坝前水位阈值和最大下泄流量阈值。

水文非一致性条件下：

(7) 为简化运算，本章只考虑洪峰和洪量边缘分布参数随时间变化，并随机假定相应洪水放大系数 M_Q，M_V 值，即不同水文非一致性情景。洪水历时边缘分布和三参数联合分布参数保持不变，同样采用 Monte Carlo 法进行随机取样，得到每个洪水放大系数 M_Q，M_V 组合对应的 $N\times1000$ 组洪峰、洪量和洪水历时组合（Q，V，D），其中 1000 是指未来 1000 年。

(8) 基于 $N\times1000$ 组洪峰、洪量和洪水历时组合（Q，V，D），采用峰值速率-增量单位线法确定每个随机样本的洪水过程线。

(9) 将 $N\times1000$ 组洪水过程线输入水库常规调度模型，进行水库常规调洪演算，分别获得 $N\times1000$ 组水库最高坝前水位和最大下泄流量。

(10) 分别统计 N 组水文非一致性情景下，每组最高坝前水位和最大下泄流量分别超出阈值的相应时间，即水库和下游保护对象发生危险事件的时间。

(11) 基于上述危险事件发生时间序列，拟合确定水库和下游防洪危险事件发生时间（即重现期）的分布函数及相应参数，并确定分布参数与水文非一致性洪峰、洪量放大系数、防洪标准之间的关系。

(12) 通过风险分析函数，可确定洪峰、洪量非一致性下水库和下游保护对象历年的超出概率（即防洪风险）和可靠性。

6.4 水库转移库容

基于水文非一致性，水库防洪标准相应的防洪风险发生了变化。当水文非一致性为递增趋势时，水库防洪风险增加，可能无法完成原定防洪标准。当水文非一致性为递减趋势时，水库防洪风险降低，兴利效益会有损失。因此，本章新定义了一个指标，即转移库容，是指汛期初期水库防洪库容与兴利库容之间的转移库容，水库库容再分配及转移库容示意图如图 6.2 所示。当洪峰或洪量存在增长趋势时，需要将水库兴利库容转移一部分给防洪库容，提高水库防洪能力，此时转移库容为负值，牺牲一部分兴利效益以降低洪灾损失。当洪峰或洪量存在递减趋势时，水库原设计防洪库容存在富余，可将一部分防洪库容转移给兴利库容，在不增加洪灾损失的前提下提高水库兴利效益，此时转移库容为正值。水库汛期初期库容可通过下式计算得到：

$$S_0^* = S_0 + \Delta S_{tf} \tag{6-19}$$

式中：S_0 为水文一致性条件下水库汛期调洪演算的初始库容；S_0^* 为水文非一致性条件下水库汛期调洪演算的初始库容；ΔS_{tf} 为水文非一致性条件下水库防洪库容与兴利库容之间的转移库容。基于不同洪峰和洪量非一致性情景下，可采用 C－vine Copula－Monte Carlo 法研究水库转移库容对水库洪灾损失和兴利效益的影响。

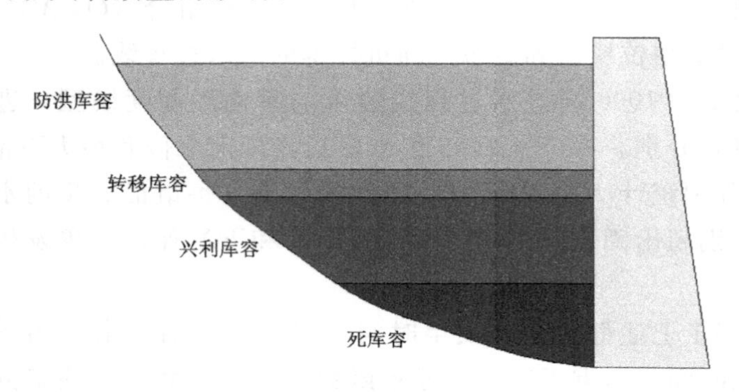

图 6.2　水库库容再分配及转移库容示意图

6.5　研究实例

本章采用美国伊利诺伊州 Shelbyville 水库作为研究对象，Shelbyville 水库位于伊利诺伊州 Kaskaskia 流域上游，美国陆军工程兵部队负责该水库调度及管理，于 1970 年开始修建，主要调度目标为供水、防洪和休闲娱乐（Hejazi and Cai，2011；Hossain et al.，2017；Singh et al.，1975），水库汛期常规防洪调度规则由美国陆军工程兵部队确定。Shelbyville 水库总库容为 $1.278\times10^9 m^3$，年均入库径流为 $7.71\times10^8 m^3$，Shelbyville 水库基本参数见表 6.1。

表 6.1　Shelbyville 水库基本参数表　单位：m

死水位	兴利水位/汛限水位	防洪高水位	坝顶高程
174.65	182.79	190.96	194.52

Shelbyville 水库洪灾损失包括娱乐损失、淹没灌溉面积损失和上下游财产损失 3 部分。娱乐损失包括游泳、划船、溜冰、钓鱼和捕猎 5 个方面的损失，是根据洪水期间减少的游客数及相应收入来划定。防洪淹没灌溉面积损失包括上游灌溉面积损失和下游灌溉面积损失两部分。上游灌溉面积损失是由于上游水库水位上升导致的灌溉淹没损失，而下游灌溉面积损失是由于水库下泄流量增加导致的灌溉淹没损失；上下游财产损失是通过上游水库水位上升和下游水库下泄流量增加导致的财产损失之和，具体计算见 Hejazi 和 Cai（2011）。Shelbyville 水库兴利效益包括发电效益和供水效益两部分。发电效益包括水库下泄流量产生的发电效益和水库储存库容对应的潜在发电效益；供水效益则是水库储存库容对应的潜在供水效益。

6.5.1 数据准备

Shelbyville 水库有两大河流汇入，美国 USGS 网站在两个支流上分别有日流量观测站点 05591700 和 05591200。两个观测站点共同的长系列观测数据为 1985 年 10 月 1 日—2018 年 12 月 31 日，因此可提供 34 年日入库流量资料。水库和下游保护对象的防洪风险不仅与洪峰（日最大流量）有关，还与洪量和洪水历时有关（Aissia et al.，2012）。本章基于基流分割法（Arnold et al，1995；Arnold and Allen，1999）计算得到 34 年洪峰、洪量和洪水历时系列资料。通过 Mann - Kendall 趋势检验确定洪峰、洪量和洪水历时是否存在非一致性。双边 p 值小于 0.05，表明水文变量存在非一致性，p 值越小代表趋势越明显；双边 p 值大于 0.05，无法表明水文变量存在非一致性。*tau* 值的正负说明水文变量变化趋势，正值代表增长，负值代表下降。Mann - Kendall 趋势检验和边缘分布检验结果见表 6.2，Shelbyville 水库洪峰和洪量均存在不同程度的非一致性，但洪水历时不存在非一致性。通过 *R* 的 PPCC 包找到洪峰、洪量和洪水历时最合适的边缘分布。洪峰为 Lognormal 分布，洪量为 Gumbel 分布，洪水历时为 Weibull 分布，并计算出相应边缘分布参数。C - vine Copula 函数被用于描述洪峰、洪量和洪水历时三参数联合分布，采用 *R* 里面的 CDVine 包计算 C - vine Copula 函数参数为（1.00、1.00、1.13）。为简化计算，本章假设 3 变量相互关系不存在非一致性，即 C - vine Copula 函数参数保持不变。

表 6.2　Mann－Kendall 趋势检验和边缘分布检验结果

水文变量	*tau* 值	双边 *p* 值	边缘分布	PPCC 值
洪峰	0.353	0.003	Lognormal	0.970
洪量	0.288	0.017	Gumbel	0.983
洪水历时	－0.018	0.893	Weibull	0.976

6.5.2　水文一致性下阈值计算

假设水文一致性，通过 C－vine Copula－Monte Carlo 法随机产生 Shelbyville 水库 1000 万组洪峰、洪量和洪水历时组合，对应产生 1000 万组洪水过程线。将其分别输入 Shelbyville 水库常规防洪调度模型，防洪调度模型初始水位为汛限水位，可模拟计算得到 1000 万组最高坝前水位和最大下泄流量，可得到最高坝前水位和最大下泄流量的经验累积分布曲线。由于随机样本数量足够大，可近似为累积分布函数，如图 6.3 和图 6.4 所示。图 6.3（a）和图 6.4（a）分别表示 Shelbyville 水库最高坝前水位和最大下泄流量的完整累积分布曲线。图 6.3（b）和图 6.4（b）分别表示 Shelbyville 水库最高坝前水位和最大下泄流量累积分布曲线的上尾部（累积概率大于 0.80）。通过累积分布曲线可计算得到水文一致性下不同设计防洪标准（十年一遇、百年一遇和千年一遇）下水库最高坝前水位阈值和最大下泄流量阈值，见表 6.3。

表 6.3　不同设计防洪标准下的水库最高坝前水位阈值和最大下泄流量阈值

设计频率	设计防洪标准	最高坝前水位阈值/m	最大下泄流量阈值/(m^3/s)
$p=10\%$	十年一遇	187.89	77.32
$p=1\%$	百年一遇	189.80	104.36
$p=0.1\%$	千年一遇	191.47	127.28

6.5.3　水文非一致性下防洪风险计算

Shelbyville 水库洪峰和洪量存在非一致性，假设洪峰和洪量非一致性洪水放大系数各有 10 种情景（$M=0.94$、0.97、1.00、1.03、1.06、1.09、1.12、1.15、1.18、1.20），因此一共有 100 种水文非一致性情景组合。对于每个水文非一致性情景，使用 C－vine Copula－Monte Carlo 法产生 1000 组 1000 年的洪峰、洪量和洪水历时组合。将洪峰、洪量和洪水历时 3 变量对应的洪水过程输入水库常规防洪调度模型，计算得到 1000×

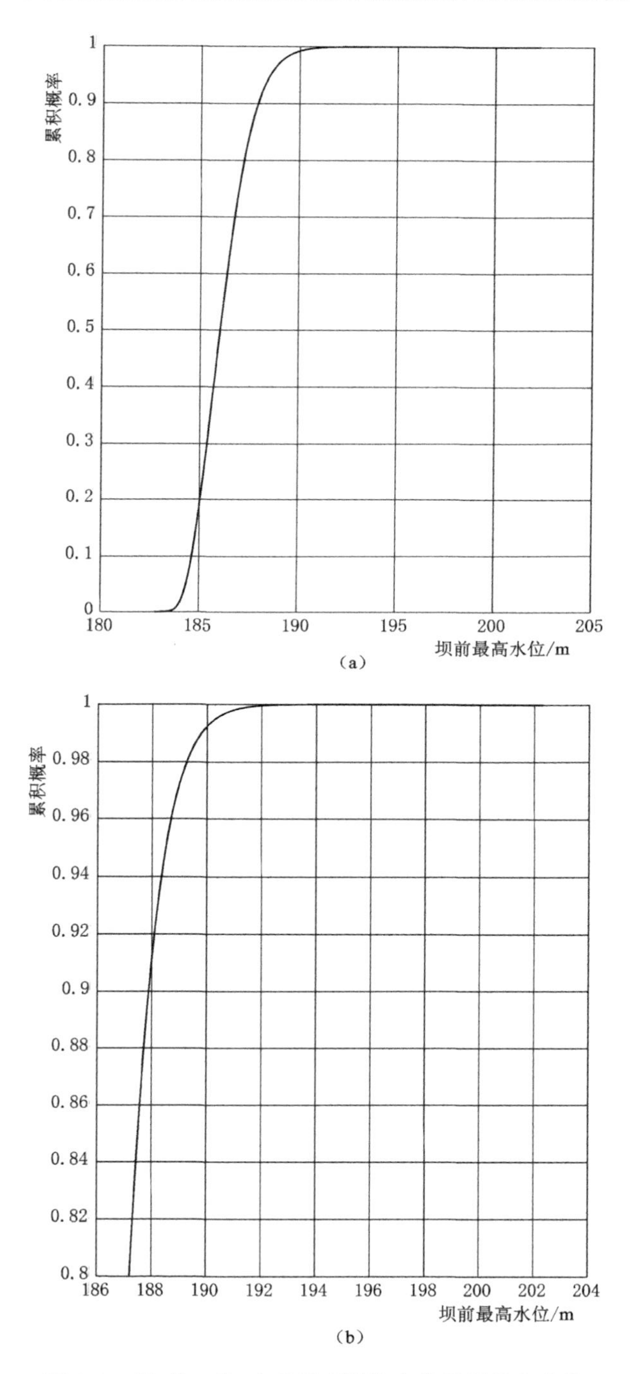

图 6.3　Shelbyville 水库最高坝前水位累积分布曲线

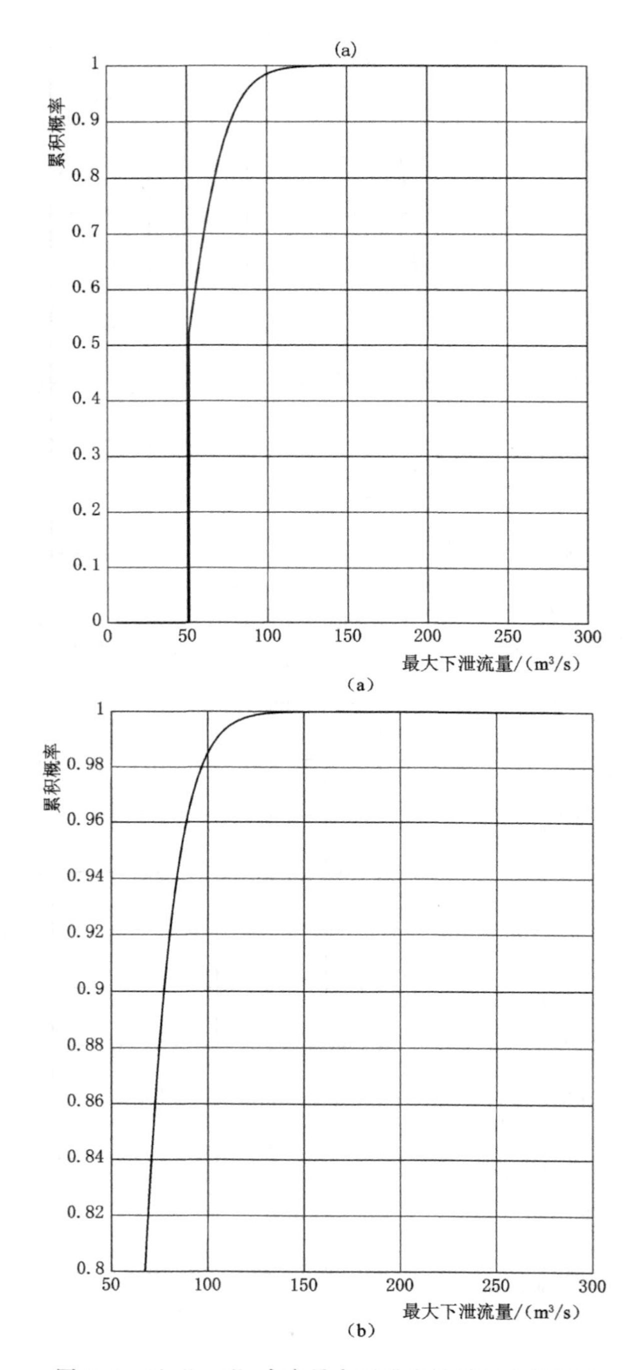

(a)

(b)

图 6.4 Shelbyville 水库最大下泄流量累积分布曲线

1000组最高坝前水位和1000×1000组最大下泄流量，可统计得到每个样本序列里不同设计防洪标准下水库最高坝前水位和最大下泄流量超出相应阈值的时间，即水库和下游保护对象出现防洪风险的时间，又可称基于给定设计防洪标准的水库和下游保护对象的结构荷载重现期。对时间样本序列进行分布拟合，可找出水库和下游保护对象结构荷载重现期最合适的分布形式。

本章采用 *R* 的 PPCC 包计算结构荷载重现期不同分布类型对应 PPCC 值，PPCC 值越接近于1代表拟合效果越好。基于不同水文非一致性情景 M_Q，M_V 组合和不同设计防洪标准，分别计算 Shelbyville 水库和下游保护对象结构荷载重现期不同分布的 PPCC 值，箱状图如图6.5和图6.6所示。由图可明显看出 Weibull 分布拟合最好，PPCC 值更接近于1，说明在水文非一致性条件下，水库和下游保护对象结构荷载重现期均不再服从水文一致性条件下假定的指数分布，而是服从 Weibull 分布，这一结论与 Read 和 Vogel（2016a）研究的水文非一致性条件下洪峰重现期服从 Weibull 分布一致。

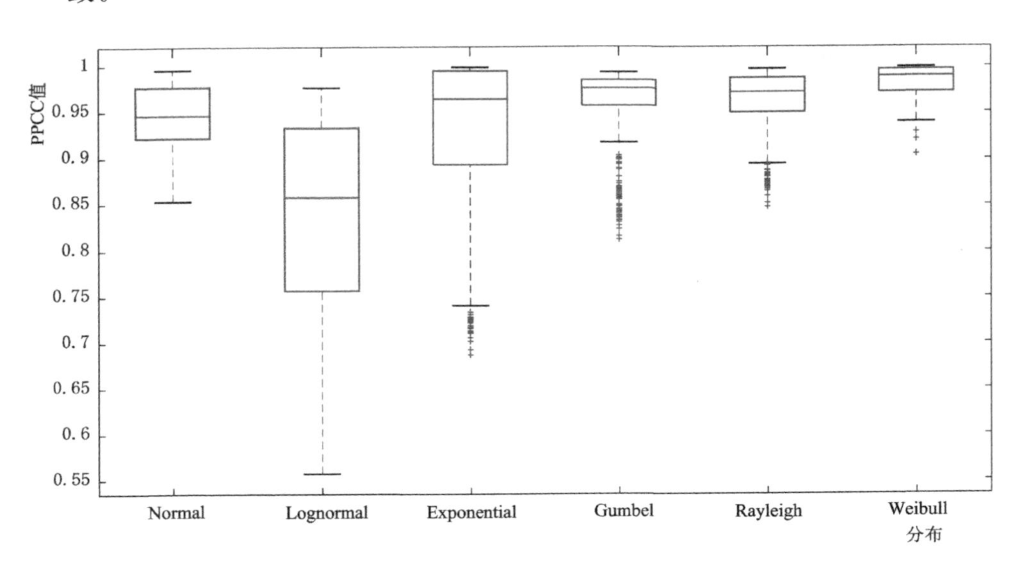

图6.5 Shelbyville 水库结构荷载重现期不同分布的 PPCC 值箱状图

水库和下游保护对象结构荷载重现期均服从两参数 Weibull 分布，累积分布函数如下式所示：

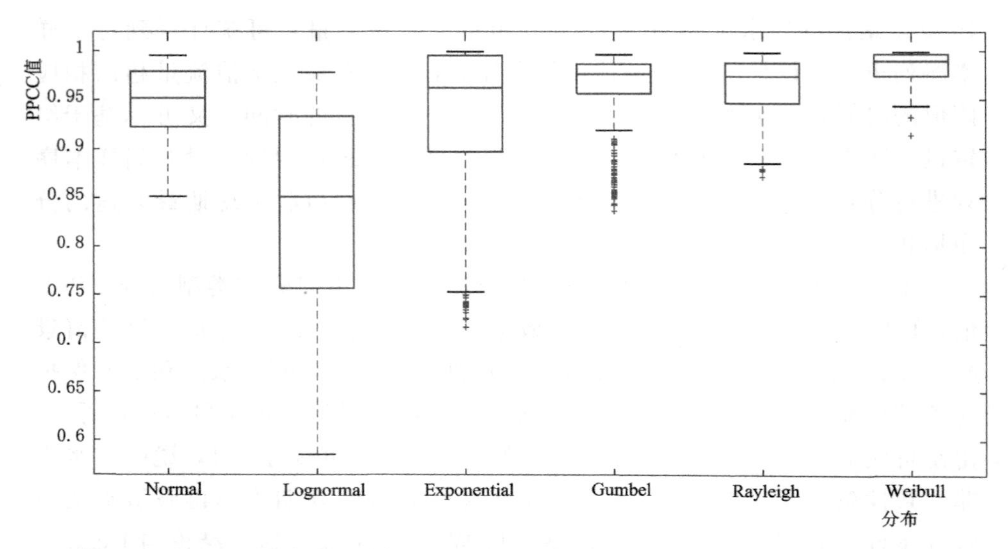

图 6.6 Shelbyville 水库下游保护对象结构荷载重现期不同分布的 PPCC 值箱状图

$$F_T(t)=1-\exp\left(\left[-\frac{t}{\sigma}\right]^{\kappa}\right) \tag{6-20}$$

式中：σ 为 Weibull 分布的尺度参数；κ 为 Weibull 分布的形状参数。水库和下游保护对象结构荷载重现期对应的 Weibull 分布参数可与洪水非一致性参数（洪峰和洪量洪水放大系数）和设计防洪标准（$p=10\%$、1%、0.1%）通过多元回归建立相关关系，水库结构荷载重现期对应的 Weibull 分布参数拟合结果如式（6-21）和式（6-22）所示，下游保护对象结构荷载重现期对应的 Weibull 分布参数拟合结果如式（6-23）和式（6-24）所示：

$$\sigma=e^{1.8258}M_Q^{-4.7053}M_V^{-0.6791}p_0^{-0.5811} \tag{6-21}$$

$$\kappa=e^{-1.0651}M_Q^{3.9465}M_V^{-0.1737}p_0^{-0.2610} \tag{6-22}$$

$$\sigma=e^{1.8525}M_Q^{-4.998}M_V^{-0.3767}p_0^{-0.5702} \tag{6-23}$$

$$\kappa=e^{-0.9923}M_Q^{3.7599}M_V^{-0.0330}p_0^{-0.2480} \tag{6-24}$$

水库结构荷载重现期对应的 Weibull 分布尺度参数和形状参数多元拟合的 R^2 分别为 0.891 和 0.864。下游保护对象结构荷载重现期对应的 Weibull 分布尺度参数和形状参数多元拟合的 R^2 分别为 0.882 和 0.869。根据洪峰、洪量非一致性洪水放大系数和设计防洪标准，可确定结构荷载重现期分布函数。再通过风险函数分析可进一步确定水库和下游保护对象出现防洪风险的危险函数（超出概率）、存活函数（可靠性）和累积风险函数（累积出现次数），计算公式如下：

$$h(t)=\frac{\kappa}{\sigma}\left[\frac{t}{\sigma}\right]^{(\kappa-1)} \tag{6-25}$$

$$S(t)=1-F_T(t)=\exp\left(\left[-\frac{t}{\sigma}\right]^{\kappa}\right) \tag{6-26}$$

$$H(t)=-\ln[S_T(s)]=\left[\frac{t}{\sigma}\right]^{\kappa} \tag{6-27}$$

图 6.7 和图 6.8 分别表示基于洪峰、洪量非一致性及设计防洪标准的 Shelbyville 水库和下游保护对象防洪安全可靠性变化过程。当洪峰和洪量放大系数不等于 1 时，水库和下游保护对象的可靠性与水文一致性情景下完全不同，说明了水文非一致性对水库和下游保护对象的可靠性影响较大。

由图 6.7（a）和图 6.8（a）可看出，在同一设计防洪标准（$p=10\%$）下，当洪峰放大系数保持不变时，洪量放大系数小于 1 对应水库和下游保护对象防洪安全的可靠性略大于洪量放大系数大于 1 的可靠性。当洪量放大系数保持不变时，洪峰放大系数小于 1 对应水库和下游保护对象防洪安全的可靠性远远大于洪峰放大系数大于 1 的可靠性。说明设计防洪标准较低时，洪峰非一致性参数对水库和下游保护对象防洪安全可靠性的影响远远大于洪量非一致性参数。原因在于防洪标准较低时，水库防洪安全主要取决于洪峰，洪量非一致性对水库防洪安全可靠性影响较小。由图 6.7（b）～（c）和图 6.8（b）～（c）可看出，当防洪标准达到百年一遇和千年一遇时，变化趋势与十年一遇趋势相同。但洪量非一致性对水库和下游保护对象防洪安全可靠性影响加大，说明设计防洪标准较高时，洪峰和洪量非一致性对水库和下游保护对象防洪安全均有较大的影响。同时，对比图 6.7（a）～（c）和图 6.8（a）～（c）发现在一定时间内，设计防洪标准越高对应的水库和下游保护对象防洪安全可靠性越大，但洪量非一致性对水库下游保护对象防洪安全影响比水库防洪安全影响小。

6.5.4 水文非一致性下转移库容影响

若水文非一致性呈递增趋势，水库转移库容为负值。若水文非一致性呈递减趋势，水库转移库容为正值。由于 Shelbyville 水库洪峰和洪量均存在水文非一致性，基于转移库容，采用 C－vine Copula－Monte Carlo 法分

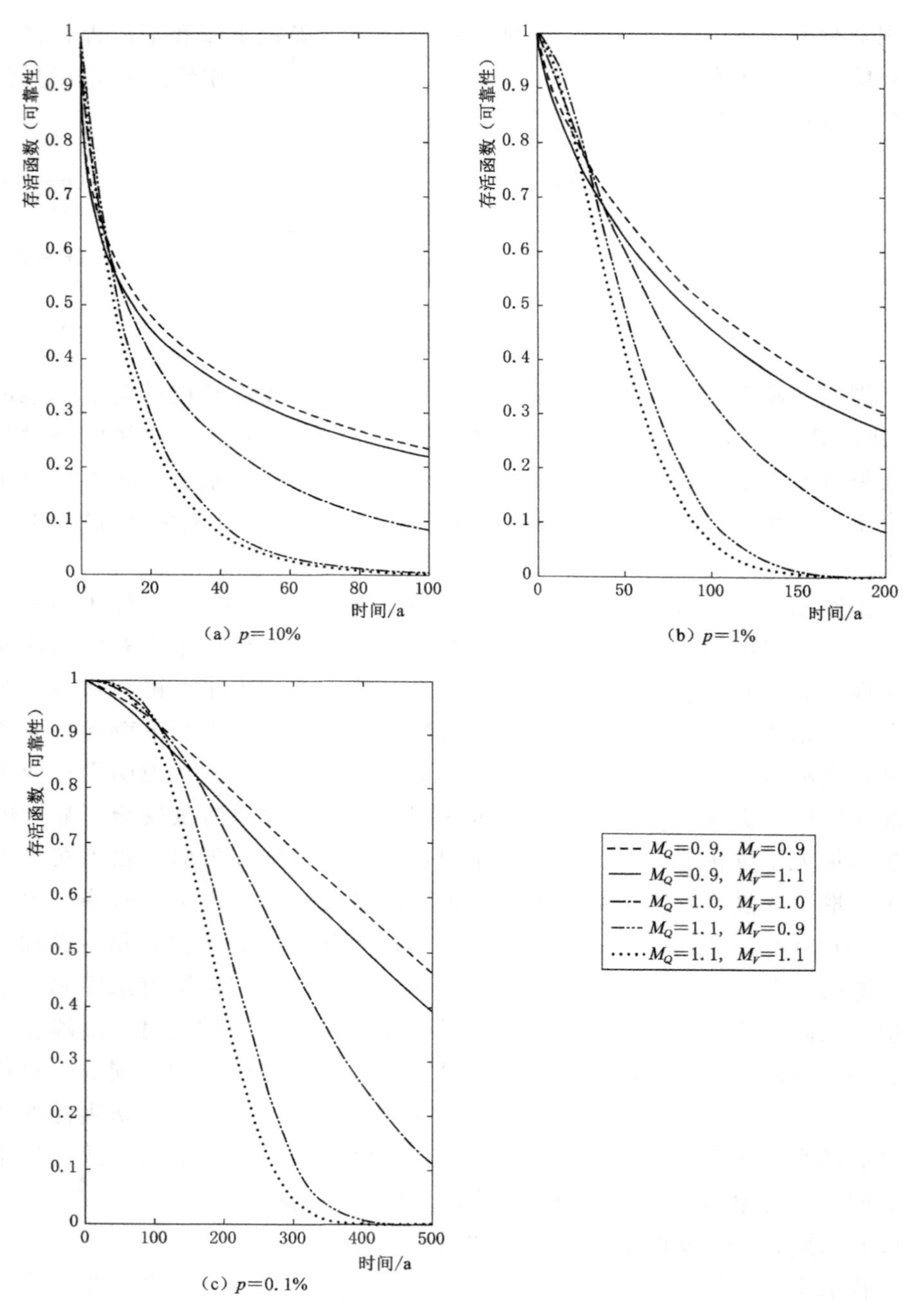

图 6.7 基于洪峰、洪量非一致性及设计防洪标准的 Shelbyville 水库防洪安全可靠性变化过程

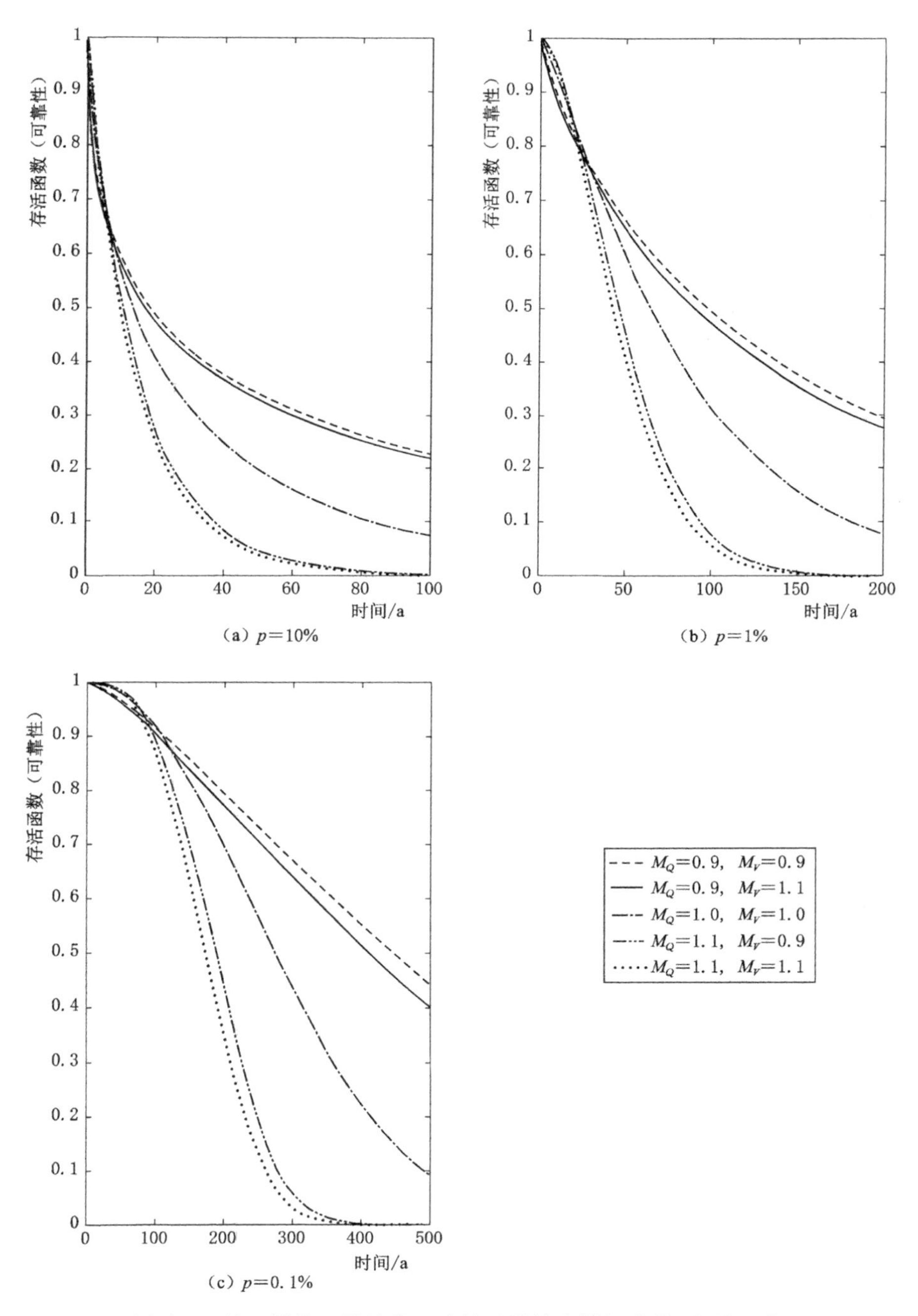

图 6.8 基于洪峰、洪量非一致性及设计防洪标准的 Shelbyville 水库下游保护对象防洪安全可靠性变化过程

别分析洪峰和洪量非一致性对水库洪灾损失和兴利效益的影响。假设现有4个水文非一致性情景，分别是情景1：$M_Q=0.9$，$M_V=1.0$；情景2：$M_Q=1.1$，$M_V=1.0$；情景3：$M_Q=1.0$，$M_V=0.9$；情景4：$M_Q=1.0$，$M_V=1.1$。对于情景1和3，洪峰或洪量存在递减趋势，假设对应有5种转移库容，分别为$S_5=0$，$S_6=2\times10^6$，$S_7=4\times10^6$，$S_8=6\times10^6$，$S_9=8\times10^6$。对于情景2和4，洪峰或洪量存在递增趋势，假设有5种转移库容，分别为$S_1=-8\times10^6$，$S_2=-6\times10^6$，$S_3=-4\times10^6$，$S_4=-2\times10^6$，$S_5=0$。

表6.4　基于不同转移库容的Shelbyville水库兴利效益统计参数值　单位：美元

情景	参数	S_1	S_2	S_3	S_4	S_5
情景2	均值	53333381	54134326	54935456	55736758	56538244
	中位数	53316605	54117334	54918095	55719354	56520739
情景4	均值	53328818	54129661	54930667	55731859	56533248
	中位数	53313732	54114296	54914983	55715839	56517131
情景	参数	S_5	S_6	S_7	S_8	S_9
情景1	均值	56526630	57328015	58129603	58931402	59733366
	中位数	56512475	57313677	58115171	58916947	59718807
情景3	均值	56532004	57333520	58135246	58937146	59739211
	中位数	56516444	57317928	58119610	58921439	59723395

表6.5　基于不同转移库容的Shelbyville水库洪灾损失统计参数值　单位：美元

情景	参数	S_1	S_2	S_3	S_4	S_5
情景2	均值	378187412	383479979	388774443	394062335	399338954
	中位数	373781647	379589122	385334572	390929373	396271694
情景4	均值	370639847	375944864	381252836	386558567	391855613
	中位数	365744734	371563405	377351216	383076204	388647577
情景	参数	S_5	S_6	S_7	S_8	S_9
情景1	均值	382907241	388220788	393519667	398800955	404051005
	中位数	379071404	384675511	389997606	395299454	400676386
情景3	均值	390675303	395961225	401233275	406483195	411691841
	中位数	387403500	392733041	398024391	403376219	408723215

采用C-vine Copula-Monte Carlo法分别产生给定非一致性条件下10万组洪峰、洪量和洪水历时样本。将洪峰和洪量呈现非一致递增和递减趋势下相应洪水过程输入水库调洪演算模型，分别基于不同转移库容计算Shelbyville水库兴利效益和洪灾损失，箱状图如图6.9～图6.12所示。基于不同的转移库容的Shelbyville水库水库兴利效益和洪灾损失均值和中位数见表6.4和表6.5。首先对比分析洪峰和洪量非一致性呈递增趋势时水库兴利效益变化。当转移库容为0时，情景2的兴利效益均值和中位数均稍大于情景4的兴利效益均值和中位数，说明洪峰非一致性递增趋势对提高兴利效益的影响比洪量非一致性递增趋势大。当洪峰和洪量非一致性呈递减趋势时，情景1的兴利效益均值和中位数均稍小于情景3的兴利效益均值和中位数，说明当非一致性呈递减趋势时，洪峰非一致性对兴利效益影响比洪量非一致性影响小。再对比分析洪峰和洪量非一致性呈递增趋势时对水库洪灾损失的影响。当转移库容为0时，情景2的洪灾损失均值和中位数均大于情景4的洪灾损失均值和中位数，说明相同非一致性递增趋势时，洪峰比洪量造成更大的洪灾损失。当洪峰和洪量非一致性呈递减趋势时，情景1的洪灾损失均值和中位数均小于情景3的洪灾损失均值和中位数，说明相同非一致性递减趋势时，洪量比洪峰造成更大的洪灾损失。

通过以上分析可知，当非一致性呈递增趋势时，洪峰对洪灾损失和兴利效益的影响比洪量影响大。当非一致性呈递减趋势时，洪峰对洪灾损失和兴利效益的影响比洪量影响小。由图6.9～图6.12的箱状图可知，水库兴利效益分布区间比水库洪灾损失分布区间窄，且水库兴利效益的异常点比水库洪灾损失异常点少，说明水库洪灾损失变化比水库兴利效益变化大。在情景2和情景4中，水文非一致性呈递增趋势，在同一情景中，当水库兴利库容转移至防洪库容越多，即转移库容绝对值越大时，水库兴利效益和洪灾损失均降低。在情景1和情景3中，水文非一致性呈递减趋势，在同一情景中，当水库防洪库容转移至兴利库容越多，即转移库容绝对值越大时，水库兴利效益和洪灾损失均增加。因此，在水文非一致性条件下，水库需要进行适应性设计，水库库容需要再分配，确定转移库容大小，从而可保证在水文非一致性条件下，水库仍能完成相应的防洪任务和实现兴利效益最大化。

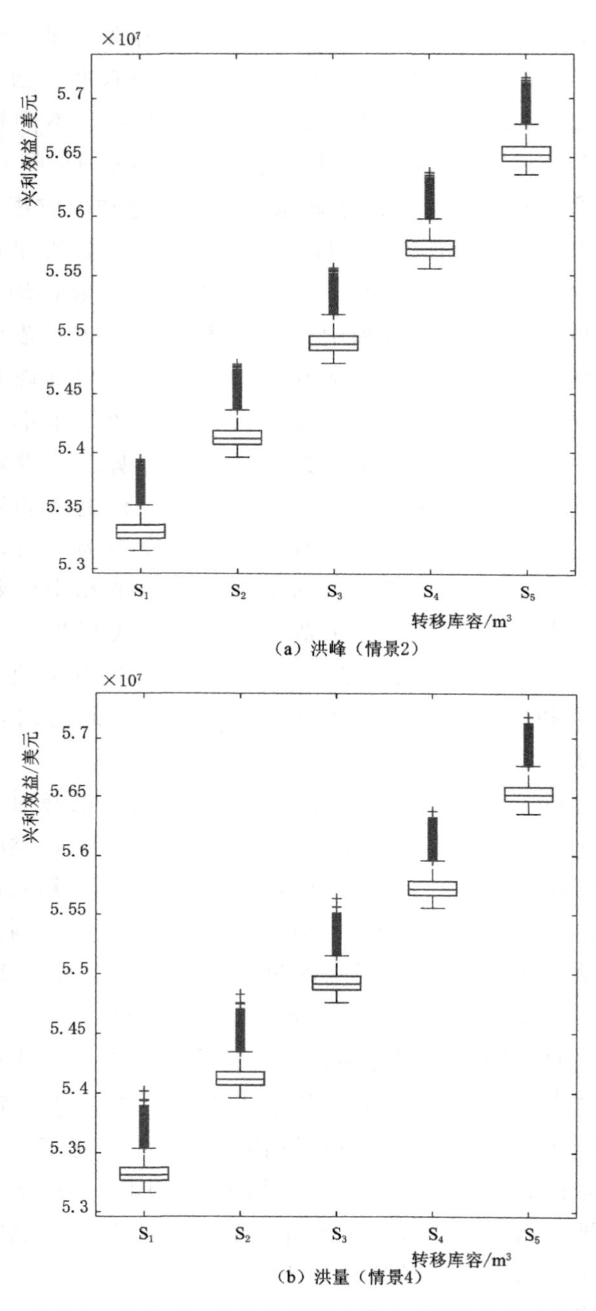

(a) 洪峰（情景2）

(b) 洪量（情景4）

图 6.9 呈现非一致递增趋势下基于不同转移库容的 Shelbyville 水库兴利效益箱状图

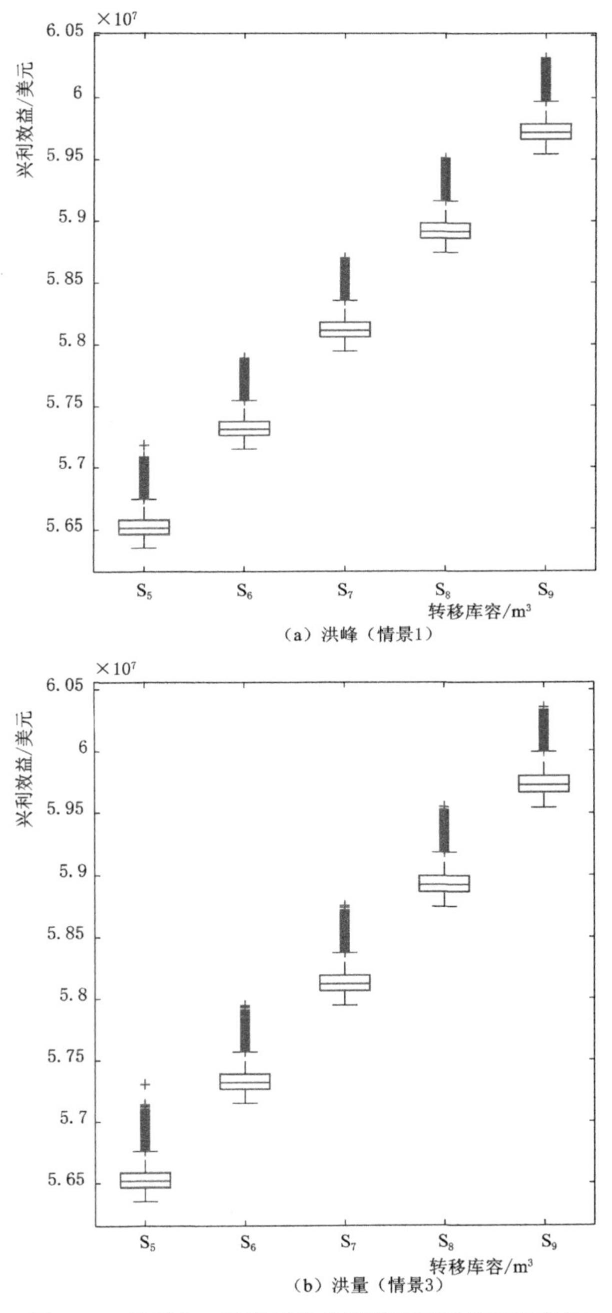

图6.10 呈现非一致递减趋势下基于不同转移库容的 Shelbyville 水库兴利效益箱状图

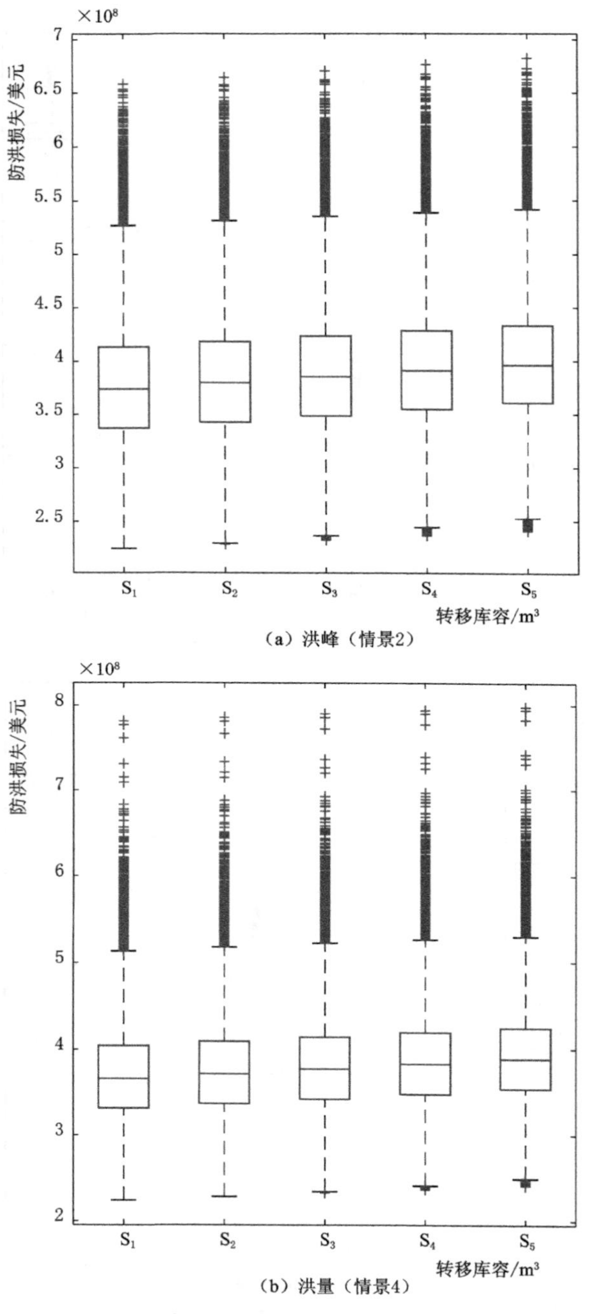

图6.11 呈现非一致递增趋势下基于不同转移库容的Shelbyville水库洪灾损失箱状图

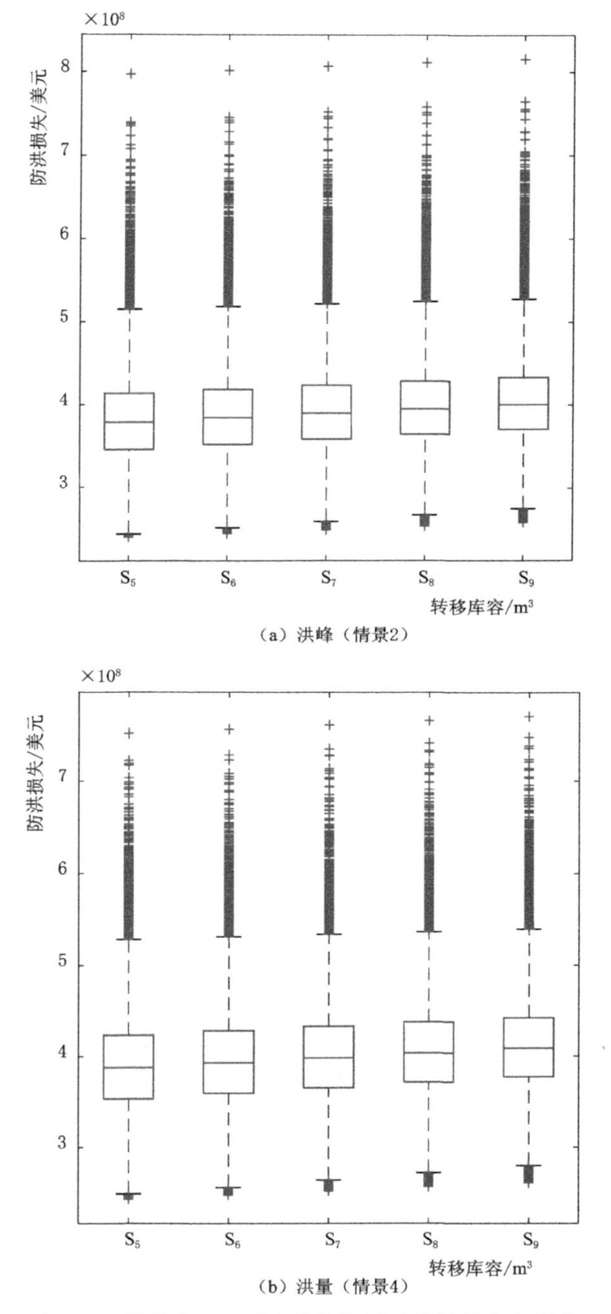

图6.12 呈现非一致递减趋势下基于不同转移库容的 Shelbyville 水库洪灾损失箱状图

6.6 本章小结

本章主要探究了多变量洪水非一致性条件下水库及下游保护对象防洪风险及结构荷载重现期的计算方法，并探究了水库库容再分配（转移库容）对水库洪灾损失和兴利效益的影响。通过美国伊利诺伊州 Shelbyville 水库的实例研究可得到以下结论：

（1）通过 C－vine Copula－Monte Carlo 法，可计算得到洪水一致性条件下水库及下游保护对象防洪危险事件的经验累积分布曲线。以经验累积分布曲线代替真实累积分布曲线，可得到不同设计防洪标准的水库最高坝前水位阈值和下游保护对象最大流量阈值，此阈值考虑了水库调洪演算作用，更符合水库实际工程设计防洪标准。

（2）基于多变量洪水非一致性，C－vine Copula－Monte Carlo 模拟结果验证了水库和下游保护对象结构荷载重现期均服从 Weibull 分布。通过风险函数分析计算得到了历年 Shelbyville 水库和下游保护对象防洪风险和可靠性。基于相同非一致性放大系数，当设计防洪标准较低时，洪峰对 Shelbyville 水库和下游保护对象防洪安全的可靠性影响远远大于洪量。当设计防洪标准较高时，洪量对 Shelbyville 水库和下游保护对象防洪安全的可靠性影响变大。说明在 Shelbyville 水库防洪调度中，洪峰影响比洪量大。

（3）基于不同洪峰和洪量非一致性条件，通过 C－vine Copula－Monte Carlo 法探究了水库库容再分配（转移库容）对水库洪灾损失和兴利效益的影响。结果表明：当水文非一致性呈递增趋势时，洪峰对洪灾损失和兴利效益的影响比洪量影响大。当水库兴利库容转移至防洪库容越多，即转移库容绝对值越大时，水库兴利效益和洪灾损失均降低。当非一致性呈递减趋势时，洪峰对洪灾损失和兴利效益的影响比洪量影响小。当水库防洪库容转移至兴利库容越多，即转移库容绝对值越大时，水库兴利效益和洪灾损失均增加。以上规律特性为 Shelbyville 水库在水文非一致性条件下进行适应性库容再分配提供了参考。

第 7 章

结　语

7.1　主要工作与结论

计算机和互联网技术的高速发展给水库调度提供了新的研究思路与技术挑战，大量监测数据和模型模拟数据可通过数据驱动方法更好地服务于水库调度。本书主要通过基于数据驱动方法探究水库调度中 5 大研究问题：水库实时调度开环控制系统的单向无反馈性、水库调度规则形式的不确定性、流域洪水空间分布不确定性对水库群调度规则的影响、大系统水库群中长期联合调度的多维多目标耗时特性和多变量洪水非一致性对水库适应性设计的影响。本书主要研究工作与结论总结如下：

（1）构建了基于数据同化的水库实时优化调度闭环控制系统。

传统水库实时调度模型不考虑模型误差以及水库调度决策者偏好，存在单向无反馈性，属于开环控制系统。本书构建了基于数据同化的水库实时优化调度闭环控制系统，将水库实时调度由开环控制系统发展到闭环控制系统。基于水库实时优化调度模型最优泄流，水库调度决策者模块可根据当前需求选择是否遵循最优泄流。再通过约束集合卡尔曼滤波同化实时水库水位观测数据，实时校正模型状态，同时降低模型误差和观测误差。水库实时调度闭环控制系统可同时考虑水库优化调度模型、水库调度决策者偏好和实时观测数据反馈作用。将其应用于三峡水库实时防洪调度问题，结果表明水库实时调度闭环控制系统通过实时观测数据的反馈提高了水库动库容计算精度。结合水库调度决策者在不同洪水量级上行为偏好和精细优化调度模型，有效提高了防洪和兴利效益。因此，闭环控制系统有较大的潜在应用价值。

(2) 提出了基于贝叶斯模型平均的水库短期集合调度规则。

水库优化调度规则形式多样，具体规则形式选取受人为主观意愿影响，调度规则形式存在较大的不确定性。本书采用贝叶斯模型平均方法提取稳健的水库集合调度规则，可降低水库短期调度规则形式的不确定性。基于水库短期确定性优化调度模型最优轨迹，通过隐随机优化方法提取多种单一水库短期调度规则。通过贝叶斯模型平均方法提取水库短期集合调度规则。将其应用于广西百色水库防洪调度，结果表明基于贝叶斯模型平均的水库短期集合调度规则防洪效果稳健，效益优于 3 种单一调度规则（分段线性调度规则、曲面拟合调度规则和最小二乘支持向量机调度规则），并为水库调度决策者提供了调度决策区间。

(3) 构建了流域水库群“洪水分类-聚合-分解”防洪调度规则。

流域洪水具有多变性，流域暴雨强度和暴雨中心空间分布对流域水库群防洪调度影响重大，但现有水库群防洪调度未考虑流域洪水空间分布的不确定性对防洪调度的影响。本书基于多场流域历史洪水，构建各支流重要水文站点洪峰及峰现时间指标矩阵，通过投影寻踪法对流域历史洪水指标矩阵进行洪水分类。再提取水库群“洪水分类-聚合-分解”防洪调度规则，探究洪水空间分布不确定性对水库群联合防洪调度规则的影响。将其应用于国内西江流域水库群联合防洪调度规则的提取，结果表明，西江流域洪水可分为“上中游型”“中下游型”和“全流域型”洪水，情景 FAD-2030 对应的水库群“洪水分类-聚合-分解”防洪调度规则优于情景 CO-SQY 和情景 CO-2030 对应的常规调度，有效降低了水库、干流和支流的洪灾损失。

(4) 提出了大系统水库群中长期多目标联合优化调度高效求解技术。

大系统优化研究中“维数灾”“多目标”和“模拟耗时”三大问题一直是大系统水库群中长期联合优化调度的研究重点。本书分别从“变量综合降维”“定向多目标快速非支配排序遗传算法”和“自适应替代模型”三个角度实现大系统水库群中长期多目标联合优化调度的高效求解。首先，采用大系统聚合-分解和敏感性分析方法，从水库群结构和参数进行降维；其次，引入“定向多目标快速非支配排序遗传算法”，人为降低支配区域的拥挤度算子，提高非支配区域的拥挤度算子，将搜索引导至非支配区域，提高了多目标问题 Pareto 前沿搜索效率；最后，使用自适应替代模型代替大系统水库群中长期联合调度模拟耗时模型。将以上方法应用于西江流域水库群中长期多目标联合优化调度，结果表明基于参数综合降维的多目标自适应替代模型优化算法提高了计算效率，发电量比常规调度提高了 1.41%，相应经济效益为 2.95×10^{9} 元，破坏因子降低了 12.21%。从“变量-目标-模型”3 个层面实现了大系统水库群多目标联合优化调度的高效求解。

（5）提出了水文非一致性下水库及下游防洪风险计算方法和适应性设计策略。

随着气候变化和人类活动影响加剧，洪水多个特征变量均呈现水文非一致性。本书选用美国伊利诺伊州 Shelbyville 水库为研究实例。基于历年长序列洪峰、洪量和洪水历时统计数据，进行多变量洪水非一致性频率分析，发现洪峰和洪量呈现水文非一致性，洪水历时为一致性。采用 C - vine Copula 函数描述 3 变量间相关性结构关系，通过 C - vine Copula - Monte Carlo 法和风险函数分析法论证了多变量洪水非一致性下水库和下游保护对象结构荷载重现期均服从 Weibull 分布。通过风险函数分析法计算了水库和下游保护对象防洪风险和可靠性。基于洪峰和洪量非一致性条件，分析了不同水库库容再分配（转移库容）对水库洪灾损失和兴利效益的影响，为水文非一致性条件下水库适应性库容再分配提供了参考。

7.2 研究展望

水库调度是实现水资源高效利用的有效措施，但实际应用十分复杂。如何通过当今时代高速发展的计算机和互联网技术，将水资源监测数据和模型模拟数据应用于水库调度以提高水资源利用效率，需要不断进行深入研究。本书在一定程度上研究了水库调度中五大研究问题，但还存在一些问题需要进一步研究：

（1）本书在水库实时优化调度闭环控制系统研究中，使用历史流量作为完美水文预报值，未考虑洪水预报的不确定性。洪水预报的不确定性对水库实时调度优化模型影响较大。若洪水预报不确定性较大，导致水库实时优化调度结果偏差大；若洪水预报不确定性较小，水库实时优化调度结果较稳健。因此，洪水预报的不确定性与水库实时调度闭环控制系统中水库调度决策之间的关系需要进一步研究。

（2）本书在研究流域洪水空间分布不确定性对流域水库群联合防洪调度规则影响中，未考虑对未来流域洪水进行预报分类。后续可结合流域洪水预报与洪水分类方法，从而可提高“洪水分类-聚合-分解”防洪调度规则的实用性。

（3）本书在探究基于多变量洪水非一致性的水库适应性设计时，未定量确定水库库容再分配（转移库容）与多变量洪水非一致性参数的关系。水库库容再分配（转移库容）需要根据水库防洪风险和兴利效益两者权衡确定，后续可结合多目标优化算法，给定多变量洪水非一致性参数后，优化确定转移库容大小，得到水文非一致性条件下具体水库适应性设计策略。

（4）本书中现有数据驱动方法较传统，未采用最新数据驱动方法，如深度学习、强化学习等，后续可将最新数据驱动方法应用于水库调度研究。

参 考 文 献

Afshar, M., 2012. Large scale reservoir operation by constrained particle swarm optimization algorithms [J]. Journal of Hydro-environment Research, 6 (1): 75-87.

Aissia, M. A. B., Chebana, F., Ouarda, T. B., Roy, L., Desrochers, G., Chartier, I., Robichaud, É., 2012. Multivariate analysis of flood characteristics in a climate change context of the watershed of the Baskatong reservoir, Province of Québec, Canada [J]. Hydrol. Process., 26 (1): 130-142.

Arnold, J., Allen, P., Muttiah, R., Bernhardt, G., 1995. Automated base flow separation and recession analysis techniques [J]. Groundwater, 33 (6): 1010-1018.

Arnold, J. G., Allen, P. M., 1999. Automated methods for estimating baseflow and ground water recharge from streamflow records 1 [J]. J Am Water Resour Assoc, 35 (2): 411-424.

Bauser, G., Franssen, H.-J. H., Kaiser, H.-P., Kuhlmann, U., Stauffer, F., Kinzelbach, W., 2010. Real-time management of an urban groundwater well field threatened by pollution [J]. Environ. Sci. Technol., 44 (17): 6802-6807.

Bellman, R., 1956. Dynamic programming and lagrange multipliers [J]. Proc. Natl. Acad. Sci. USA., 42 (10): 767-769.

Bozorg-Haddad, O., Aboutalebi, M., Ashofteh, P.-S., Loáiciga, H. A., 2018. Real-time reservoir operation using data mining techniques [J]. Environ. Monit. Assess., 190 (10): 594.

Campbell, C. T., 2015. US Federal water pollution control: How history has contributed to the mismatch between the legal framework and the current state of the science [D]. Duke University.

Celeste, A. B., Billib, M., 2009. Evaluation of stochastic reservoir operation optimization models [J]. Adv. Water Resour., 32 (9): 1429-1443.

Celeste, A. B., Billib, M., 2012. Improving implicit stochastic reservoir optimization models with long-term mean inflow forecast [J]. Water Resour. Manage., 26 (9): 2443-2451.

Chang, Chang, L. C., Chang, F. J., 2005. Intelligent control for modeling of real-time reservoir operation, part II: artificial neural network with operating rule curves [J]. Hydrol. Process., 19 (7): 1431-1444.

Cheng, C.-C., Hsu, N.-S., Wei, C.-C., 2008. Decision-tree analysis on optimal release of reservoir storage under typhoon warnings [J]. Nat. Hazards, 44 (1): 65-84.

Cheng, W. S., Ji, C. M., Liu, D., 2009. Genetic Algorithm-based fuzzy cluster analysis for flood hydrographs, International Workshop on Intelligent Systems and Applications. IEEE, Wuhan, China, pp. 1-4.

Chu, W., Yeh, W. W. G., 1978. A nonlinear programming algorithm for real-time hourly reservoir operations [J]. J Am Water Resour Assoc, 14 (5): 1048-1063.

Cooley, D., 2013. Return periods and return levels under climate change [M]. In: AghaKouchak, A., Easterling, D., Hsu, K., 等 (Eds.), Extremes in a changing climate: detection, analysis and uncertainty. Springer, Dordrecht, Netherlands, pp. 97-114.

Dai, Y., Zeng, X., Dickinson, R. E., Baker, I., Bonan, G. B., Bosilovich, M. G., Denning, A. S., Dirmeyer, P. A., Houser, P. R., Niu, G., 2003. The common land model [J]. Bulletin of the American Meteorological Society, 84 (8): 1013-1024.

Deb, K., Pratap, A., Agarwal, S., Meyarivan, T., 2002. A fast and elitist multiobjective genetic algorithm: NSGA-II [J]. IEEE Trans. Evol. Comput., 6 (2): 182-197.

Ding, W., Zhang, C., Peng, Y., Zeng, R., Zhou, H., Cai, X., 2015. An analytical framework for flood water conservation considering forecast uncertainty and acceptable risk [J]. Water Resour. Res., 51 (6): 4702-4726.

Evensen, G., 2003. The Ensemble Kalman filter: theoretical formulation and practical implementation [J]. Ocean Dyn., 53 (4): 343-367.

Friedman, J. H., 1991. Multivariate adaptive regression splines [J]. The Annals of Statistics, 19 (1): 1-67.

Gan, Y., Duan, Q., Gong, W., Tong, C., Sun, Y., Chu, W., Ye, A., Miao, C., Di, Z., 2014. A comprehensive evaluation of various sensitivity analysis methods: a case study with a hydrological model [J]. Environ. Model Softw., 51 (1): 269-285.

Gill, M., 1984. Time lag solution of the Muskingum flood routing equation [J]. Nordic Hydrol., 15 (3): 145-154.

Gill, M. A., 1992. Numerical solution of Muskingum equation [J]. J. Hydraul. Eng., 118 (5): 804-809.

Gong, W., Duan, Q., Li, J., Wang, C., Di, Z., Ye, A., Miao, C., Dai, Y., 2015. Multiobjective adaptive surrogate modeling-based optimization for parameter estimation of large, complex geophysical models [J]. Water Resour. Res., 52: 1984-2008.

Hall, W. A., Buras, N., 1961. The dynamic programming approach to water-resources development [J]. J. Geophys. Res., 66 (2): 517-520.

Hejazi, M. I., Cai, X., 2011. Building more realistic reservoir optimization models using data mining - A case study of Shelbyville Reservoir [J]. Adv. Water Resour., 34 (6): 701-717.

Hejazi, M. I., Cai, X., Ruddell, B. L., 2008. The role of hydrologic information in reservoir operation - learning from historical releases [J]. Adv. Water Resour., 31 (12): 1636 - 1650.

Hossain, F., Sikder, S., Biswas, N., Bonnema, M., Lee, H., Luong, N., Hiep, N., Du Duong, B., Long, D., 2017. Predicting water availability of the regulated Mekong River Basin using satellite observations and a physical model [J]. Asian J. Water Environ. Pollut., 14 (3): 39 - 48.

Hsu, N. S., Wei, C. C., 2007. A multipurpose reservoir real - time operation model for flood control during typhoon invasion [J]. J. Hydrol., 336: 282 - 293.

Huang, W., Zhang, X. N., 2011. Projection Pursuit flood disaster classification assessment method based on multi - swarm cooperative particle swarm optimization [J]. Journal of Water Resource and Protection, 3 (6): 415 - 420.

Hui, R., Herman, J., Lund, J., Madani, K., 2018. Adaptive water infrastructure planning for nonstationary hydrology [J]. Adv. Water Resour., 118: 83 - 94.

Hundecha, Y., Parajka, J., Viglione, A., 2017. Flood type classification and assessment of their past changes across Europe [J]. Hydrology and Earth System Sciences Discussions: 1 - 29.

Jiang, C., Xiong, L., Yan, L., Dong, J., Xu, C. - Y., 2019. Multivariate hydrologic design methods under nonstationary conditions and application to engineering practice [J]. Hydrol. Earth Syst. Sci., 23 (3): 1683 - 1704.

Kelman, J., Stedinger, J. R., Cooper, L. A., Hsu, E., Yuan, S. Q., 1990. Sampling stochastic dynamic programming applied to reservoir operation [J]. Water Resour. Res., 26 (3): 447 - 454.

Kendall, M. G., 1948. Rank correlation methods [M], Oxford, England: Griffin.

Korobov, N. M., 1959. Computation of multiple integrals by the method of optimal coefficients [J]. Vestnik Moskov Univ. Ser. Math. Astr. Fiz. Him., 4: 19 - 25.

Koutsoyiannis, D., Economou, A., 2003. Evaluation of the parameterization - simulation - optimization approach for the control of reservoir systems [J]. Water Resour. Res., 39 (6): 1170 - 1183.

Li, J. D., Duan, Q. Y., Gong, W., Ye, A. Z., 2013. Assessing parameter importance of the common land model based on qualitative and quantitative sensitivity analysis [J]. Hydrol. Earth Syst. Sci., 17 (8): 3279 - 3293.

Li, L., Liu, P., Rheinheimer, D. E., Deng, C., Zhou, Y., 2014. Identifying explicit formulation of operating rules for multi - reservoir systems using Genetic Programming [J]. Water Resour. Manage., 28 (6): 1545 - 1565.

Little, J. D., 1955. The use of storage water in a hydroelectric system [J].

J. Oper. Res. Soc. , 3 (2): 187 - 197.

Liu, P. , Guo, S. , Xu, X. , Chen, J. , 2011. Derivation of aggregation - based joint operating rule curves for cascade hydropower reservoirs [J]. Water Resour. Manage. , 25 (13): 3177 - 3200.

Liu, P. , Li, L. , Chen, G. , Rheinheimer, D. E. , 2014. Parameter uncertainty analysis of reservoir operating rules based on implicit stochastic optimization [J]. J. Hydrol. , 514: 102 - 113.

Maass, A. , Hufschmidt, M. M. , Dorfman, R. , Thomas, H. A. , Marglin, S. A. , Fair, G. M. , Bower, B. T. , Reedy, W. W. , Manzer, D. F. , Barnett, M. P. , 1962. Design of water - resource systems [M]. Harvard University Press, Cambridge.

Mann, H. B. , 1945. Nonparametric tests against trend [J]. Econometrica: Journal of the Econometric Society: 245 - 259.

Massé, P. , Boutteville, R. , 1946. Les Réserves et la régulation de l′avenir dans la vie économique: Avenir déterminé. I [M]. Hermann & cie.

Merz, R. , Blöschl, G. , 2003. A process typology of regional floods [J]. Water Resour. Res. , 39 (12): 1340.

Milly, P. C. , Betancourt, J. , Falkenmark, M. , Hirsch, R. M. , Kundzewicz, Z. W. , Lettenmaier, D. P. , Stouffer, R. J. , Dettinger, M. D. , Krysanova, V. , 2015. On critiques of "Stationarity is dead: Whither water management?" [J]. Water Resour. Res. , 51 (9): 7785 - 7789.

Moradkhani, H. , Sorooshian, S. , Gupta, H. V. , Houser, P. R. , 2005. Dual state - parameter estimation of hydrological models using ensemble Kalman filter [J]. Adv. Water Resour. , 28 (2): 135 - 147.

Munier, S. , Polebistki, A. , Brown, C. , Belaud, G. , Lettenmaier, D. , 2015. SWOT data assimilation for operational reservoir management on the upper Niger River Basin [J]. Water Resour. Res. , 51 (1): 554 - 575.

Needham, J. T. , Watkins Jr, D. W. , Lund, J. R. , Nanda, S. , 2000. Linear programming for flood control in the Iowa and Des Moines rivers [J]. J. Water Res. Plan. Man. , 126 (3): 118 - 127.

Niewiadomska - Szynkiewicz, E. , Malinowski, K. , Karbowski, A. , 1996. Predictive methods for real - time control of flood operation of a multireservoir system: Methodology and comparative study [J]. Water Resour. Res. , 32 (9): 2885 - 2895.

Oliveira, R. , Loucks, D. P. , 1997. Operating rules for multireservoir systems [J]. Water Resour. Res. , 33 (4): 839 - 852.

Olsen, J. R. , Lambert, J. H. , Haimes, Y. Y. , 1998. Risk of extreme events under nonstationary conditions [J]. Risk Anal. , 18 (4): 497 - 510.

Pan, M. , Wood, E. F. , 2006. Data assimilation for estimating the terrestrial water budget using a constrained ensemble Kalman filter [J]. J. Hydrometeorol., 7 (3): 534-547.

Parey, S., Hoang, T. T. H., Dacunha-Castelle, D., 2010. Different ways to compute temperature return levels in the climate change context [J]. Environmetrics, 21: 698-718.

Preissmann, A., 1961. Propagation of translatory waves in channels and rivers, Proceedings of the 1st Congress of French Association for Computation, Grenoble, France, pp. 433-442.

Prosdocimi, I., Kjeldsen, T., Svensson, C., 2014. Non-stationarity in annual and seasonal series of peak flow and precipitation in the UK [J]. Natural Hazards and Earth System Sciences, 14: 1125-1144.

Qin, H., Zhou, J. Z., Lu, Y. L., Li, Y. H., Zhang, Y. C., 2010. Multi-objective cultured differential evolution for generating optimal trade-offs in reservoir flood control operation [J]. Water Resour. Manage., 24 (11): 2611-2632.

Read, L. K., Vogel, R. M., 2015. Reliability, return periods, and risk under nonstationarity [J]. Water Resour. Res., 51 (8): 6381-6398.

Read, L. K., Vogel, R. M., 2016a. Hazard function analysis for flood planning under nonstationarity [J]. Water Resour. Res., 52 (5): 4116-4131.

Read, L. K., Vogel, R. M., 2016b. Hazard function theory for nonstationary natural hazards [J]. Natural Hazards and Earth System Sciences, 16 (4): 915.

Requena, A., Mediero Orduña, L., Garrote de Marcos, L., 2013. A bivariate return period based on copulas for hydrologic dam design: accounting for reservoir routing in risk estimation [J]. Hydrol. Earth Syst. Sci., 17 (8): 3023-3038.

Saad, M., Turgeon, A., Bigras, P., Duquette, R., 1994. Learning disaggregation technique for the operation of long-term hydroelectric power systems [J]. Water Resour. Res., 30 (11): 3195-3202.

Sahu, R. K., McLaughlin, D. B., 2018. An ensemble optimization framework for coupled design of hydropower contracts and real-time reservoir operating rules [J]. Water Resour. Res., 54 (10): 8401-8419.

Salas, J. D., Obeysekera, J., 2013. Revisiting the concepts of return period and risk for nonstationary hydrologic extreme events [J]. J. Hydrol. Eng., 19 (3): 554-568.

Salvadori, G., 2004. Bivariate return periods via 2-copulas [J]. Statistical Methodology, 1 (1-2): 129-144.

Salvadori, G., De Michele, C., 2004. Frequency analysis via copulas: Theoretical aspects and applications to hydrological events [J]. Water Resour. Res., 40: W12511.

Salvadori, G., De Michele, C., Kottegoda, N. T., Rosso, R., 2007. Extremes in nature: an approach using copulas [M], 56. Springer, Berlin.

Salvadori, G., Durante, F., De Michele, C., 2013. Multivariate return period calculation via survival functions [J]. Water Resour. Res., 49 (4): 2308-2311.

Salvadori, G., Durante, F., De Michele, C., Bernardi, M., Petrella, L., 2016. A multivariate copula-based framework for dealing with hazard scenarios and failure probabilities [J]. Water Resour. Res., 52 (5): 3701-3721.

Salvadori, G., Michele, C. D., Durante, F., 2011. On the return period and design in a multivariate framework [J]. Hydrol. Earth Syst. Sci., 15 (11): 3293-3305.

Singh, K. P., Stall, J. B., Lonnquist, C., Smith, R. H., 1975. Analysis of the operation of Lake Shelbyville and Carlyle Lake to maximize agricultural and recreation benefits, Illinois State Water Survey, Urbana, Illinois.

Sklar, M., 1959. Fonctions de repartition an dimensions et leurs marges [J]. Publications de l'Institut de statistique de l'Universite' de Paris, 8: 229-231.

Steinschneider, S., Brown, C., 2012. Dynamic reservoir management with real-option risk hedging as a robust adaptation to nonstationary climate [J]. Water Resour. Res., 48: W05524.

Suykens, J. A., Vandewalle, J., 1999. Least squares support vector machine classifiers [J]. Neural Process. Lett., 9 (3): 293-300.

Tolson, B. A., Shoemaker, C. A., 2007. Dynamically dimensioned search algorithm for computationally efficient watershed model calibration [J]. Water Resour. Res., 43: W01413.

Turkington, T., Breinl, K., Ettema, J., Alkema, D., Jetten, V., 2016. A new flood type classification method for use in climate change impact studies [J]. Weather and Climate Extremes, 14 (C): 1-16.

Unver, O. I., Mays, L. W., 1990. Model for real-time optimal flood control operation of a reservoir system [J]. Water Resour. Manage., 4 (1): 21-46.

Uysal, G., Alvarado-Montero, R., Schwanenberg, D., Şensoy, A., 2018. Real-time flood control by tree-based model predictive control including forecast uncertainty: A case study reservoir in Turkey [J]. Water, 10 (3): 340.

Valdes, J. B., Strzepek, K. M., Restrepo, P. J., Filippo, M. D., 1992. Aggregation-disaggregation approach to multireservoir operation [J]. J. Water Res. Plan. Man., 118 (4): 423-444.

Valeriano, S., Oliver, C., Koike, T., Yang, K., Graf, T., Li, X., Wang, L., Han, X., 2010. Decision support for dam release during floods using a distributed biosphere hydrological model driven by quantitative precipitation forecasts [J]. Water Resour. Res., 46: W10544.

Vogel, R. M., Yaindl, C., Walter, M., 2011. Nonstationarity: Flood magnification and recurrence reduction factors in the United States [J]. J Am Water Resour Assoc,

47 (3): 464 - 474.

Volpi, E., Fiori, A., 2014. Hydraulic structures subject to bivariate hydrological loads: Return period, design, and risk assessment [J]. Water Resour. Res., 50 (2): 885 - 897.

Wang, D., Chen, Y., Cai, X., 2009. State and parameter estimation of hydrologic models using the constrained ensemble Kalman filter [J]. Water Resour. Res., 45: W11416.

Wang, F., Wang, L., Zhou, H., Valeriano, O. C. S., Koike, T., Li, W., 2012. Ensemble hydrological prediction - based real - time optimization of a multiobjective reservoir during flood season in a semiarid basin with global numerical weather predictions [J]. Water Resour. Res., 48: W07520.

Wardlaw, R., Sharif, M., 1999. Evaluation of genetic algorithms for optimal reservoir system operation [J]. J. Water Res. Plan. Man., 125 (1): 25 - 33.

Windsor, J. S., 1973. Optimization model for the operation of flood control systems [J]. Water Resour. Res., 9 (5): 1219 - 1226.

Yan, L., Xiong, L., Guo, S., Xu, C. - Y., Xia, J., Du, T., 2017. Comparison of four nonstationary hydrologic design methods for changing environment [J]. J. Hydrol., 551: 132 - 150.

Yang, G., Guo, S., Liu, P., Li, L., Xu, C., 2017. Multiobjective reservoir operating rules based on cascade reservoir input variable selection method [J]. Water Resour. Res., 53 (4): 3446 - 3463.

You, J. Y., Cai, X., 2008a. Hedging rule for reservoir operations: 1. A theoretical analysis [J]. Water Resour. Res., 44: W01415.

You, J. Y., Cai, X., 2008b. Hedging rule for reservoir operations: 2. A numerical model [J]. Water Resour. Res., 44: W01416.

Young, G. K., 1967. Finding reservoir operating rules [J]. J. Hydraul. Div., 93 (6): 297 - 321.

Yue, S., Ouarda, T. B., Bobée, B., Legendre, P., Bruneau, P., 2002. Approach for describing statistical properties of flood hydrograph [J]. J. Hydrol. Eng., 7 (2): 147 - 153.

Zhang, L., Singh, V. P., 2007. Trivariate flood frequency analysis using the Gumbel - Hougaard copula [J]. J. Hydrol. Eng., 12 (4): 431 - 439.

Zhang, X., Liu, P., Wang, H., Lei, X., Yin, J., 2017. Adaptive reservoir flood limited water level for a changing environment [J]. Environmental Earth Sciences, 76 (21): 743.

Zhang, X., Liu, P., Xu, C. - Y., Ming, B., Xie, A., Feng, M., 2018. Conditional Value - at - Risk for nonstationary streamflow and its application for derivation of the adaptive reservoir flood limited water level [J]. J. Water Res. Plan. Man., 144 (3): 04018005.

Zhou, Y., Guo, S., 2013. Incorporating ecological requirement into multipurpose reservoir

operating rule curves for adaptation to climate change [J]. J. Hydrol., 498: 153-164.
伯拉斯，N. 水资源科学分配 [M]. 北京：水利电力出版社，1983.
蔡阳. 国家水资源监控能力建设项目及其进展 [J]. 水利信息化，2013 (6): 5-10.
陈森林. 水电站水库运行与调度 [M]. 北京：中国电力出版社，2008.
陈西臻，刘攀，何素明，等. 基于聚合-分解的并联水库群防洪优化调度研究 [J]. 水资源研究，2015，4 (1): 23-31.
邓超. 月水量平衡水文模型的参数时变特征 [D]. 武汉：武汉大学，2017.
董前进，王先甲，艾学山，等. 基于投影寻踪和粒子群优化算法的洪水分类研究 [J]. 水文，2007，27 (4): 10-14.
都金康，李罕，王腊春，等. 防洪水库（群）洪水优化调度的线性规划方法 [J]. 南京大学学报（自然科学）1995，(2): 301-309.
郭生练，汪芸，周研来，等. 丹江口水库洪水资源调控技术研究 [J]. 水资源研究，2015，4 (1): 1-8.
郭旭宁，胡铁松，曾祥，等. 基于二维调度图的双库联合供水调度规则研究 [J]. 华中科技大学学报（自然科学版），2011，39 (10): 121-124.
郭旭宁，秦韬，雷晓辉，等. 水库群联合调度规则提取方法研究进展 [J]. 水力发电学报，2016，35 (1): 19-27.
国家水资源监控能力建设项目办公室. 国家水资源监控能力建设项目（2012—2014年）标准. In: 国家水资源监控能力建设项目办公室（Ed.）. 中华人民共和国水利部，北京，2012.
胡四一. 全面实施国家水资源监控能力建设项目全力提升水利信息化整体水平——在全国水利信息化工作座谈会暨国家水资源监控能力建设项目建设管理工作会议上的讲话 [J]. 水利信息化，2012，(6): 1-6.
黄草，王忠静，李书飞，等. 长江上游水库群多目标优化调度模型及应用研究 Ⅰ：模型原理及求解 [J]. 水利学报，2014，45 (9): 1009-1018.
黄伟纶. 长江陆水流域水文自动测报系统验收完毕 [J]. 水文，1986 (4): 67.
纪昌明，李继伟，张新明，等. 基于粗糙集和支持向量机的水电站发电调度规则研究 [J]. 水力发电学报，2014，33 (1): 43-49.
纪昌明，周婷，王丽萍，等. 水库水电站中长期隐随机优化调度综述 [J]. 电力系统自动化，2013，37 (16): 129-135.
金喜来，甘治国，陆旭. 国家水资源监控能力建设项目建设与管理 [J]. 中国水利，2015 (11): 24-25.
李传科. 百色水库防洪调度规则对老口枢纽防洪库容的影响分析 [J]. 广西水利水电，2007，5: 18-20.
刘攀，郭生练，郭富强，等. 清江梯级水库群联合优化调度图研究 [J]. 华中科技大学学报（自然科学版），2008，36 (7): 63-66.

刘心愿，郭生练，刘攀，等. 基于总出力调度图与出力分配模型的梯级水电站优化调度规则研究 [J]. 水力发电学报，2009，28 (3)：26 - 31.

刘予伟，刘东润，陈献耘. 大数据在水资源管理中的应用展望 [J]. 水资源研究，2015，4 (5)：470 - 476.

刘章君，郭生练，徐新发，等. 两变量洪水结构荷载重现期与联合设计值研究 [J]. 水利学报，2018，49 (8)：956 - 965.

刘招，黄文政，黄强，等. 基于水库防洪预报调度图的洪水资源化方法 [J]. 水科学进展，2009，20 (4)：578 - 583.

路效兴，程时完. 二滩水库防洪调度图的研究与探讨 [J]. 大坝与安全，2000，14 (3)：16 - 19.

梅亚东. 梯级水库防洪优化调度的动态规划模型及解法 [J]. 武汉水利电力大学学报，1999，32 (5)：10 - 12.

梅亚东，冯尚友. 水电站水库系统死库容优选的非线性网络流模型 [J]. 水电能源科学，1989 (2)：76 - 83.

芮孝芳. 水文学原理 [M]. 北京：中国水利水电出版社，2004.

史黎翔，宋松柏. 基于 Copula 函数的两变量洪水重现期与设计值计算研究 [J]. 水力发电学报，2015，34 (10)：27 - 34.

田雨. 长江上游复杂水库群联合调度技术研究 [D]. 天津：天津大学，2012.

王安宝，史维汾，王国俊. 土钉支护的稳定分析——条分法结合复形调优法 [J]. 地下空间，1997，17 (1)：1 - 8.

王船海. 实用河网水流计算 [M]. 南京：河海大学出版社，2003.

王浩. 中国水资源问题与可持续发展战略研究 [M]. 北京：中国电力出版社，2010.

王浩，龙爱华，于福亮，等. 社会水循环理论基础探析 Ⅰ：定义内涵与动力机制 [J]. 水利学报，2011，42 (4)：379 - 387.

王浩，王建华，秦大庸. 流域水资源合理配置的研究进展与发展方向 [J]. 水科学进展，2004，15 (1)：123 - 128.

王浩，王建华，秦大庸，等. 基于二元水循环模式的水资源评价理论方法 [J]. 水利学报，2006，37 (12)：1496 - 1502.

王浩，游进军. 中国水资源配置 30 年 [J]. 水利学报，2016，47 (3)：265 - 271.

王井泉. 长江的防汛信息系统 [J]. 中国水利，1996，(7)：29 - 29.

王平. 水库灌溉或供水调度图常规编制方法的改进 [J]. 水电站设计，2008，24 (4)：95 - 97.

王旭，雷晓辉，蒋云钟，等. 基于可行空间搜索遗传算法的水库调度图优化 [J]. 水利学报，2013，44 (1)：26 - 34.

王旭，庞金城，雷晓辉，等. 水库调度图优化方法研究评述 [J]. 南水北调与水利科技，2010，8 (5)：71 - 75.

习树峰，彭勇，梁国华，等. 基于决策树方法的水库跨流域引水调度规则研究 [J]. 大连理工大学学报，2012，52（1）：74-78.
辛立勤．中央防汛信息系统［J］．水文；1998（1）：63-64.
熊立华，江聪，杜涛．变化环境下非一致性水文频率分析研究综述［J］．水资源研究，2015，4（4）：310-319.
薛禹群，朱学愚．地下水动力学［M］．北京：地质出版社，1979.
杨向辉，张学成．水文信息采集系统在我国国家防汛决策系统中的作用［J］．水利水电技术，1999，30（10）：3-5.
姚瑞虎，覃光华，丁晶，等．洪水二维变量重现期的探讨［J］．水力发电学报，2017，36（10）：35-44.
尹正杰，王小林，胡铁松．基于数据挖掘的水库供水调度规则提取［J］．系统工程理论与实践，2006，26（8）：129-135.
于洋．1949年以前海河流域水文测站发展历史分析［J］．海河水利，2012，（2）：58-60.
原喜琴．中小河流水文监测系统工程建设管理的思考［J］．河南水利与南水北调，2012，（1）：55-56.
张宝林，杨松元．清江上游水库群防洪优化调度的探讨［J］．中国水利，2013，（11）：48-49.
张保生，纪昌明，陈森林．多元线性回归和神经网络在水库调度中的应用比较研究［J］．中国农村水利水电，2004，（7）：29-32.
张党立，潘国营，姜宝良．基于GIS的水资源信息管理系统［J］．采矿技术，2005，5（2）：39-40.
张忠波．三峡与金沙江下游梯级水库群发电优化调度研究［D］．天津：天津大学，2014.
赵静，宋刚，周驰岷．无线传感器网络水质监测系统的研究与应用［J］．通信技术，2008，41（4）：124-126.
周研来，梅亚东，杨立峰．大渡河梯级水库群联合优化调度函数研究［J］．水力发电学报，2012，31（4）：78-82.